变电站工程主设备安装管控清单

国网山东省电力公司 组编

中国电力出版社
CHINA ELECTRIC POWER PRESS

内 容 提 要

　　变电站工程电气设备安装工艺流程复杂，安装精细度高，为进一步加强电气设备安装全过程管控，提升设备安装工艺质量，落实施工工序清单化，减少人员的查阅任务，国网山东省电力公司组织编制了《变电站工程主设备安装管控清单》。

　　本书对主变压器（高压电抗器）、GIS、二次屏柜、断路器等 10 类设备安装工序要求进行了全面介绍，形成了设备安装准备清单、安装质量控制要点清单、标准工艺清单、质量通病防治措施清单、强制性条文清单、十八项电网重大反事故措施清单、安全管控风险点及控制措施、验收标准清单、启动送电前检查清单等内容，并对每个环节具体工作要求进行了详细阐述。

　　本书可供从事变电站工程电气安装的工程管理及技术人员参考使用。

图书在版编目（CIP）数据

变电站工程主设备安装管控清单 / 国网山东省电力公司组编. —北京：中国电力出版社，2024.6
ISBN 978-7-5198-8455-0

Ⅰ. ①变⋯　Ⅱ. ①国⋯　Ⅲ. ①变电所–电气设备–设备安装–质量管理–中国　Ⅳ. ①TM63

中国国家版本馆 CIP 数据核字（2023）第 244242 号

出版发行：中国电力出版社		印　　刷：三河市万龙印装有限公司
地　　址：北京市东城区北京站西街 19 号		版　　次：2024 年 6 月第一版
邮政编码：100005		印　　次：2024 年 6 月北京第一次印刷
网　　址：http://www.cepp.sgcc.com.cn		开　　本：710 毫米×1000 毫米　横 16 开本
责任编辑：罗　艳（010-63412315）		印　　张：16.5
责任校对：黄　蓓　李　楠		字　　数：285 千字
装帧设计：张俊霞		印　　数：0001—1500 册
责任印制：石　雷		定　　价：118.00 元

前　言

党的十八大以来，在以习近平同志为核心的党中央坚强领导下，我国经济社会发展取得历史性成就、实现历史性变革。电网作为保障能源电力供应的重要基础设施，与经济社会发展和人民生产生活息息相关。"十三五"以来，山东电网建设迈上新台阶、步入快车道、实现大跨越，先后建成"五交四直"9 项特高压工程，110kV 及以上电网规模实现了翻倍增长，平均每年新增变电容量 3000 万 kVA 以上，山东电网大步迈入"亿千瓦"时代，为山东经济社会发展作出了积极贡献。

当今世界正经历百年未有之大变局，新一轮科技革命和产业变革深入发展，引发质量理念、机制、实践的深刻变革。电气设备作为变电站的重要组成部分，其安装质量是变电站能否顺利投运的关键因素，对变电站长期安全稳定运行具有重大影响。当前，在主设备安装过程中，业主、监理、施工单位还存在执行依据不统一、安装流程不完善、验收环节要求不严格等情况，工作规范性需进一步提升。

2023 年初，中共中央、国务院印发了《质量强国建设纲要》，要求"全面提高我国质量总体水平"。国网山东省电力公司牢记"人民电业为人民"初心使命，深入践行质量强国战略，着力提升电网建设质量。国网山东电力系统总结变电站工程主设备安装典型做法，明确工艺流程，规范安装标准，对质量管控、安全管理及送电前检查等工作进行了全面梳理，编制形成《变电站工程主设备安装管控清单》一书。在本书的编制过程中，国网山东建设公司、国网山东信通公司、国网山东电科院、山东送变电工程有限公司和山东诚信工程建设监理有限公司积极参与，许多工程建设一线人员提出了宝贵意见和建议，在此表示衷心的感谢！

本书以《国家电网有限公司输变电工程标准工艺　变电工程电气分册（2022 版）》（简称标准工艺）、《国家电网有限公司十八项电网重大反事故措施（2018 年修订版）》（简称十八项电网重大反事故措施）、《国家电网有限公司变电验收通用管理规定》《国家电网公司输变电工程质量通病防治手册（2020 年版）》《电气装置安装工程 高压电器施工及验收规范》（GB 50147—2010）、《电气装置安装工程 电力变压器、油浸电抗器、互感器施工及验收规范》（GB 50148—2010）、《电气装置安装工程 接地装置施工及验收规范》（GB 50169—2016）、《电气装置安装工程 盘、柜及二次回路接线施工及验收规范》（GB 50171—2012）、《电气装置安装工程 蓄电池施工及验收规范》（GB 50172—2012）、《继电保护及二次回路安装及验收规范》（GB/T 50976—2014）、《国家电网有限公司电力建设安全工作规程 第 1 部分：变电》（Q/GDW 11957.1—2020）等为依据进行编写。

由于编写人员水平有限，本书难免存在不妥之处，敬请广大读者批评指正。

编 者
2024 年 3 月

目　录

1 气体绝缘金属封闭开关设备安装

本章适用于 110～1000kV 的气体绝缘金属封闭开关设备（简称 GIS）安装。

1.1 GIS 安装工艺流程

GIS 安装工艺流程如图 1-1 所示。

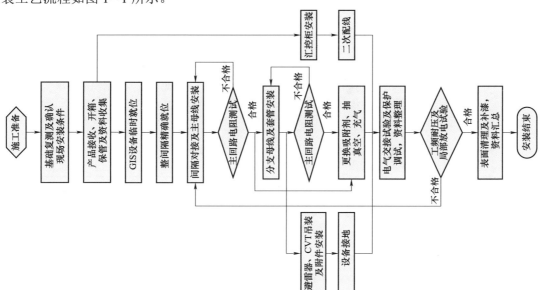

图 1-1 GIS 安装工艺流程图

1.2 安 装 准 备 清 单

安装准备清单见表1-1。

表1-1 安 装 准 备 清 单

序号	类型	要求
1	人员	（1）安装单位组织管理人员、技术人员、施工人员及制造厂人员到位并熟悉现场及设备情况。 （2）相关人员上岗前，应根据设备的安装特点由制造厂向安装单位进行产品技术要求交底；安装单位对作业人员进行专业培训及安全技术交底。 （3）制造厂人员应服从现场各项管理制度，制造厂人员进场前应将人员名单及负责人信息报监理备案。 （4）特殊工种作业人员应持证上岗
2	机具	（1）施工机械进场就位，工器具配备齐全、状态良好，测量仪器检定合格。 （2）吊车及吊具的选择已经按吊装重量最大、工作幅度最大的情况进行吊装计算，参数选择符合要求。起重机证件齐全、安全装置完好，并完成报审。 （3）真空泵、SF_6气体回收装置组等机具进场后先确认管路、阀门无损坏；检查机具电源回路绝缘状态；检查控制、信号回路；确认电动机、传动机构内无异物；确认法兰数量、尺寸满足对接需要；确认机具外壳接地措施完备，开机试运行正常。安全工器具数量、种类满足使用需求，检验合格，标识齐全，在有效期内
3	材料	所需安装材料准备齐全充足，检验合格并报审
4	施工方案	"GIS安装施工方案"编审批完成，并对参与安装作业的全体施工人员进行安全技术交底；交流耐压试验前完成"GIS交流耐压试验方案"编审批，并对参与安装作业的全体施工人员进行安全技术交底
5	施工环境	（1）户外安装的GIS，所有单元的开盖、内检及连接工作应在可移动防尘棚内进行。500kV及以上GIS安装应采用集成式防尘车间（厂家提供），入口处设置风淋室。所有进入防尘室的人员应穿戴专用防尘服、室内工作鞋（或鞋套）。

序号	类型	要求
5	施工环境	（2）户内安装的 GIS，房间内装修工作应完成，门窗孔洞封堵完成，房间内清洁，通风良好，地面应安装气体监测报警装置。 （3）GIS 现场安装工作应在环境温度−5～40℃、无风沙、无雨雪、空气相对湿度小于 80%、洁净度在百万级以上的条件下进行。温湿度、洁净度应连续动态检测并记录，合格后方可开展工作
6	设计图纸	相关施工图纸已完成图纸会检，生产厂家图纸、技术资料已齐全
7	施工单位与厂家职责分工	GIS 安装前，厂家应提供安装作业指导书及安装文件技术要求，并向有关人员进行交底。建设管理单位组织召开安装分工界面协调会，施工单位、厂家完成安装分工界面协议签订

1.3 安装质量控制要点清单

安装质量控制要点清单见表 1−2。

表 1−2   安装质量控制要点清单

序号	关键工序验收项目		质量要求	检查方式	备注
1	本体到货验收	图纸及技术资料	（1）外形尺寸图（包括吊装图）。 （2）附件外形尺寸图。 （3）套管安装图。 （4）二次展开图及接线图。 （5）GIS 安装图。 （6）GIS 内部结构示意图。 （7）GIS 气隔图。 （8）GIS 出厂试验报告。	现场检查资料检查	

序号	关键工序验收项目		质量要求	检查方式	备注
1	本体到货验收	图纸及技术资料	（9）GIS 型式试验（特殊试验报告）。 （10）组部件试验报告。 （11）主要材料检验报告：密封圈检验报告、导体试验报告、绝缘件等的检验报告。 （12）制造厂家对外购继电器、合分闸线圈等元器件开展的线圈阻值、动作电压、动作功率、动作时间、接点电阻及绝缘电阻等项目的测试报告	现场检查 资料检查	
		检查三维冲击记录仪	（1）GIS 出厂运输时，应在断路器、隔离开关、电压互感器、避雷器和 363kV 及以上套管运输单元上加装三维冲击记录仪，其他运输单元加装振动指示器。冲击记录仪的数值应满足制造厂要求且最大值不大于 3g，厂家、运输、监理等单位签字齐全完整，原始记录复印件随原件一并归档。 （2）运输和存储时气室内应保持 0.02～0.05MPa 的微正压	现场检查 资料检查	
		本体紧固	（1）运输支撑和本体各部位应无移动变位现象，运输用的临时防护装置及临时支撑已已拆除。 （2）所有螺栓紧固，并有防松措施	现场检查 过程见证	
		铭牌检查	（1）GIS 主铭牌内容完整。 （2）断路器、隔离开关、电流互感器、电压互感器、避雷器等功能单元应有独自的铭牌标志其出厂编号为唯一并可追溯。 （3）密度继电器等其他附件铭牌齐全	现场检查 过程见证	
		断路器检查	（1）断路器各部位螺栓固定良好，二次线均匀布置、无松动，断路器与 GIS 间的绝缘符合技术文件要求。 （2）断路器分合闸指示标志清晰，动作指示位置正确	现场检查 过程见证	

序号	关键工序验收项目		质量要求	检查方式	备注
1	本体到货验收	隔离开关和接地开关检查	（1）隔离开关和接地开关各部位螺栓紧固良好。 （2）隔离开关和接地开关分合闸标志清晰	现场检查 过程见证	
		电流互感器检查	（1）电流互感器各部位螺栓紧固好，二次线均匀布置，二次侧没有开路，备用的二次绕组短路接地。 （2）二次接线引线端子完整，标志清晰，二次引线端子应有防松动措施，引流端子连接牢固，绝缘良好。 （3）P1、P2 指示与施工图纸一致。 （4）二次线圈数目、保护级、容量等与施工图纸一致	现场检查 过程见证	
		电压互感器检查	（1）电压互感器各部位螺栓紧固良好，二次线均匀布置，二次侧没有短路。电压互感器与器身的绝缘符合产品技术文件要求。 （2）外壳清洁、无异物	现场检查 过程见证	
		避雷器检查	（1）避雷器各部位螺栓紧固良好。 （2）外壳清洁、无异物	现场检查 过程见证	
		绝缘子检查	（1）绝缘子应无损伤、划痕，绝缘符合产品技术文件要求。 （2）有绝缘子探伤合格报告	现场检查 过程见证	
		导体检查	导体应无损伤、划痕，表面镀银层完好无脱落，电阻值符合产品技术文件要求	现场检查 过程见证	
	组部件到货验收	套管	套管外表面无损伤、裂痕	现场检查 过程见证	
		绝缘件和导体	（1）绝缘件和导体表面无损伤、裂纹、凸起、异物。 （2）导体镀银层应光滑、无斑点。 （3）绝缘件和导体包装完整，应有防潮措施	现场检查 过程见证	

序号	关键工序验收项目		质量要求	检查方式	备注
1	组部件到货验收	密封件	密封件应有可靠防潮措施，为厂家原包装，且无损伤	现场检查过程见证	
		组部件、备件	（1）组部件、备件应齐全，规格应符合设计要求，包装及密封应良好。 （2）备品备件、专用工具和仪表应随组合电器同时装运，但必须单独包装，并明显标记。 （3）GIS在现场组装安装需用的螺栓和销钉等，应多装运10%	现场检查过程见证	
		密度继电器检查	密度继电器外观完好，无渗漏	现场检查过程见证	
	气体到场验收	组合电器SF$_6$气体	（1）必须具有SF$_6$气体检测报告、合格证。 （2）制造厂家应提供现场每瓶SF$_6$气体的批次测试报告	现场检查资料检查	
2	对接安装	组合电器对接	（1）安装牢固、外表清洁完整，支架及接地引线无锈蚀和损伤，瓷件完好清洁，基础牢固，水平垂直误差符合要求。 （2）外壳筒体外观完好，筒体内部应清洁，无凸起、无焊渣。 （3）必要时应先用吸尘器清理灰尘、杂物，再用无水酒精将内部擦拭干净。 （4）对接面、法兰密封面应无伤痕、无异物。对接前将密封面清理干净，涂抹密封胶，密封圈经硅脂涂抹均匀。密封圈放置应平整，完全嵌入凹槽内，严格检查密封硅脂涂覆工艺，加强涂覆后检查环节，避免因密封硅脂过量滴溅造成GIS放电。 （5）有力矩要求的紧固件、连接件，应使用力矩扳手并合理使用防松胶。紧固螺栓时应对称、均匀、逐步拧紧。 （6）电气连接可靠且接触良好、接地良好、牢固无渗漏，各密封管路阀门位置正确。	现场检查资料检查过程见证留取影像	

续表

序号	关键工序 验收项目		质量要求	检查方式	备注
2	对接安装	组合电器对接	（7）户外 GIS 安装不应在风沙、雨雪、雾霾等恶劣天气下进行且不能与土建工程同时进行。 （8）现场安装过程中，必须采取有效的防尘措施，如移动防尘帐篷等，组合电器的孔、盖等打开时，必须使用防尘罩进行封盖。 （9）现场安装环境应该在−5～+40℃，湿度不应大于 80%，现场清洁、无灰尘。 （10）应严格清理安装孔、工艺孔或屏蔽罩内的异物。 （11）装配前应对连杆等传动部件进行尺寸复查	现场检查 资料检查 过程见证 留取影像	
		套管安装	（1）瓷套外观清洁，无损伤。 （2）套管金属法兰结合面应平整，无外伤或铸造砂眼。表面涂有合格的防水胶。 （3）法兰密封垫安装正确，密封良好，法兰连接螺栓齐全，紧固。 （4）引出线顺直、不扭曲，套管不应承受额外的张力。 （5）引出线与套管连接接触良好、连接可靠、套管顶部结构密封良好	现场检查 资料检查 过程见证 留取影像	
	导体、伸缩节和绝缘子安装验收	导体安装	（1）必须对导体是否插接良好进行检查，特别对可调整的伸缩节及电缆连接处的导体连接情况应进行重点检查。 （2）应严格执行镀银层防氧化涂层的清理，在检查卡中记录在案。 （3）应在外部对触头位置做好标记。 （4）应严格检查并确认限位螺栓可靠安装，避免漏装限位螺栓导致接触不良	现场检查 资料检查 过程见证 留取影像	
		伸缩节安装	（1）母线伸缩节的装配应符合装配工艺要求。 （2）伸缩节长度满足厂家技术要求，应考虑安装时环境温度的影响，合理预留伸缩节调整量。 （3）应确保罐体和支架之间的滑动结构能保证伸缩节正常动作，应严格按照伸缩节配置方案，区分安装伸缩节和补偿伸缩节，进行各位置螺栓的紧固	现场检查 资料检查 过程见证 留取影像	

序号	关键工序 验收项目		质量要求	检查方式	备注
2	导体、伸缩节和绝缘子安装验收	绝缘子安装	（1）绝缘子螺栓紧固良好，连接可靠。 （2）重视绝缘件的表面清理，宜采用"吸一擦"循环的方式。 （3）盆式绝缘子不宜水平布置。 （4）充气口宜避开绝缘件位置，避免充气口位置距绝缘件太近，充气过程中带入异物附着在绝缘件表面。 （5）隔断盆式绝缘子标示红色，导通盆式绝缘子标示为绿色	现场检查 资料检查 过程见证 留取影像	
	吸附剂安装		（1）包装完整，包装无漏气、破损。 （2）吸附剂真空包装无漏气、破损。 （3）吸附剂盒应采用金属材质，且螺栓应紧固良好。 （4）GIS 封盖前各隔室应先安装吸附剂。 （5）吸附剂不能直接装入吸附剂盒，应装入专用的吸附剂袋后装入吸附剂盒内	现场检查 资料检查 过程见证 留取影像	
	密度继电器及管路安装		（1）每一个独立气室应装设密度继电器，严禁出现串联连接；密度继电器应当与本体安装在同一运行环境温度下，各密封管路阀门位置正确。 （2）密度继电器需满足不拆卸校验要求，位置便于检查巡视记录。 （3）二次线必须牢靠，户外安装密度继电器必须有防雨箱(罩)，密度继电器防雨箱(罩)应能将表、控制电缆接线端子一起放入，防止指示表、控制电缆接线盒和充放气接口进水受潮。 （4）220kV 及以上分箱结构断路器每相应安装独立的密度继电器。 （5）所在气室名称与实际气室及后台信号对应、一致。 （6）密度继电器的报警、闭锁定值应符合规定，备用间隔（只有母线侧隔离开关）及母线筒密度继电器的报警接入相邻间隔。 （7）充气阀检查无气体泄漏，阀门自封良好，管路无划伤。 （8）SF_6 气体压力均应满足说明书的要求值。 （9）密度继电器的二次线护套管在最低处必须有漏水孔，防止雨水倒灌进入密度表的二次插头造成误发信号。	现场检查 资料检查 过程见证	

序号	关键工序 验收项目	质量要求	检查方式	备注
2	密度继电器 及管路安装	（10）GIS 密度继电器应朝向巡视主道路，前方不应有遮挡物，满足机器人巡检要求。 （11）阀门开启、关闭标志清晰。 （12）需靠近巡视走道安装表计，不应有遮挡，其安装位置和朝向应充分考虑巡视的便利性和安全性，密度继电器表计安装高度不宜超过 2m（距离地面或检修平台底板）。 （13）所有扩建预留间隔应加装密度继电器并可实现远程监视	现场检查 资料检查 过程见证	
	接地安装	（1）底座、构架和检修平台可靠接地，导通良好。 （2）支架与主地网可靠接地，接地引下线连接牢固，无锈蚀、损伤、变形。 （3）GIS 的外壳法兰片间应采用跨接线连接，并应保证良好通路，金属法兰的盆式绝缘子的跨接排要与该 GIS 的型式报告样机结构一致。 （4）接地无锈蚀，压接牢固，标志清楚，与地网可靠相连。 （5）本体应多点接地，并确保相连壳体间的良好通路，避免壳体感应电压过高及异常发热威胁人身安全，非金属法兰的盆式绝缘子跨接排、相间汇流排的电气搭接面采用可靠防腐措施和防松措施。 （6）接地排应直接连接到地网，电压互感器、避雷器、快速接地开关应采用专用接地线直接连接到地网，不应通过外壳和支架接地。 （7）带电显示装置的外壳应直接接地。 （8）检修平台的各段增加跨接排，连接可靠导通良好	现场检查 资料检查 过程见证	
	隔离开关、 接地开关 机构	（1）机构的分、合闸指示应与实际相符。 （2）传动齿轮应咬合准确，操作轻便灵活。 （3）隔离开关控制电源和操作电源应独立分开，同一间隔内的多台隔离开关，必须分别设置独立的开断设备。 （4）机构的电动操作与手动操作相互闭锁应可靠，电动操作前，应先进行多次手动分、合闸，机构动作应正常。 （5）机构限位装置应准确、可靠，到达规定分、合极限位置时，应可靠地切除电动机电源。	现场检查 资料检查 过程见证	

序号	关键工序验收项目	质量要求	检查方式	备注
	隔离开关、接地开关机构	（6）机构密封完好，加热驱潮装置运行正常。 （7）做好控缆进机构箱的封堵措施，严防进水。 （8）三工位的隔离刀闸，应确认实际分合位置，与操作逻辑、现场指示相对应。 （9）机构应设置闭锁销，闭锁销处于"闭锁"位置机构即不能电动操作也不能手动操作，处于"解锁"位置时能正常操作。 （10）相间连杆采用转动传动方式设计的三相机械联动隔离开关，应在三相同时安装分合闸指示器	现场检查资料检查过程见证	
2	断路器机构	（1）机构内的轴、销、卡片完好，二次线连接紧固。 （2）机构合闸后，应能可靠保持在合闸位置。 （3）机构上储能位置指示器、分合闸位置指示器便于观察巡视。 （4）合闸弹簧储能完毕后，限位辅助开关应立即将电动机电源切断。 （5）储能时间满足产品技术条件规定，并应小于重合闸充电时间。 （6）储能过程中，合闸控制回路应可靠断开。 （7）检查驱潮、加热装置应工作正常。 （8）防失压慢分装置应可靠，投运时应将弹簧销插入闭锁装置。 （9）手动泄压阀动作应可靠，关闭严密	现场检查资料检查过程见证	
	汇控柜安装	（1）汇控柜柜门必须有限位装置，开、关灵活，门锁完好。 （2）回路模拟线正确、无脱落。 （3）汇控柜门需加装跨接地。 （4）底面及引出、引入线孔和吊装孔，封堵严密可靠。 （5）设备编号牌正确、规范，标志正确、清晰。 （6）二次引线连接紧固、可靠，内部清洁；电缆备用芯戴绝缘帽。 （7）应做好二次线缆的防护，避免由于绝缘电阻下降造成开关偷跳，柜内二次元件排列整齐、固定牢固并贴有清晰的中文名称标示。 （8）柜内隔离开关空气开关标志清晰，并一对一控制相应隔离开关。	现场检查资料检查过程见证	

序号	关键工序 验收项目	质量要求	检查方式	备注
2	汇控柜安装	（9）断路器二次回路不应采用 RC 加速设计。 （10）各继电器位置正确，无异常信号。 （11）断路器安装后必须对其二次回路中的防跳继电器、非全相继电器进行传动，并保证在模拟手合于故障条件下断路器不会发生跳跃现象 （12）灯具符合现场安装条件，开、关应具备门控功能	现场检查 资料检查 过程见证	
3	气室处理	抽真空 （1）应采用出口带有电磁阀的真空处理设备，且在使用前应检查电磁阀动作可靠性，防止抽真空设备意外断电造成真空泵油倒灌进入设备内部。 （2）现场环境应该在−5～+40℃，湿度不应大于80%，禁止使用麦氏真空计。 （3）组合电器真空度符合要求不大于 133Pa，真空处理结束后应检查抽真空管的滤芯是否有油渍。 （4）组合电器的真空保持时间不得少于厂家技术文件要求	现场检查 资料检查 过程见证 留取影像	
		SF_6 气体性能 （1）必须经 SF_6 气体质量监督管理中心抽检合格，并出具检测报告，抽样数量符合《电气装置安装工程　电气设备交接试验标准》（GB 50150—2016）。 （2）充气前应对每瓶气体测量湿度，满足《工业六氟化硫》（GB/T 12022）对新气的要求方可充入	现场检查 资料检查 过程见证	
		充气 （1）充气前，充气设备及管路应洁净、无水分、无油污，管路连接部分应无渗漏。使用后应妥善保管，不得落地，避免充气过程中引入异物。 （2）拧紧气体管路时，应保证管路与气口间没有相对运动，防止摩擦产生异物。 （3）充气时，先排净充气管路空气同时缓慢开启减压阀进行充气，要保证气体充分气化；观察减压阀的压力表读数，一旦达到已确定的压力值立即停止充气。 （4）充气时，使 SF_6 气瓶瓶口低于底部。 （5）充气后，先关闭开关本体侧阀门，再关闭气瓶阀门	现场检查 资料检查 过程见证	

序号	关键工序验收项目		质量要求	检查方式	备注
4	交接试验	主回路绝缘试验	（1）老练试验，应在现场耐压试验前进行。 （2）在 $1.1U_m/\sqrt{3}$ 下进行局放检测，72.5～363kV GIS 的交流耐压值应为出厂值的 100%，550kV 及以上电压等级 GIS 的交流耐压值应不低于出厂的 90%。 （3）有条件时还应进行冲击耐压试验，雷电冲击试验和操作冲击试验电压值为型式试验施加电压值的 80%，正负极性各三次。 （4）应在完整间隔上进行。 （5）局部放电试验应随耐压试验一并进行	现场检查 资料检查 过程见证 留取影像	
		辅助和控制回路绝缘试验	采用 2500V 绝缘电阻表且绝缘电阻大于 10MΩ	资料检查 过程见证	
		主回路电阻试验	（1）采用电流不小于 100A 的直流压降法。 （2）现场测试值不得超过控制值 R_n（R_n 是产品技术条件规定值）。 （3）应注意与出厂值的比较，不得超过出厂实测值的 120%。 （4）注意三相测试值的平衡度，如三相测量值存在明显差异，须查明原因。 （5）测试应涵盖所有电气连接	资料检查 过程见证 留取影像	
		气体密封性试验	GIS 静止 24h 后进行，采用检漏仪对各气室密封部位、管道接头等处进行检测时，检漏仪不应报警，每一个气室年漏气率不应大于 0.5%	资料检查 过程见证 留取影像	

续表

序号	关键工序验收项目		质量要求	检查方式	备注
4	交接试验	SF$_6$气体试验	（1）SF$_6$气体必须经 SF$_6$气体质量监督管理中心抽检合格，并出具检测报告后方可使用。 （2）SF$_6$气体注入设备前后必须进行湿度检测，且应对设备内气体进行 SF$_6$气体纯度检测，必要时进行 SF$_6$气体分解产物检测，结果符合标准要求。 （3）GIS 静止 24h 后进行 SF$_6$气体湿度（20℃的体积分数）试验，应符合下列规定。有灭弧分解物的气室，应不大于 150μL/L；无灭弧分解物的气室，应不大于 250μL/L	资料检查过程见证	
		机械特性试验	（1）机械特性测试结果符合其产品技术条件的规定，测量开关的行程—时间特性曲线在规定的范围内。 （2）应进行操动机构低电压试验，符合其产品技术条件的规定	资料检查过程见证	
		互感器试验	（1）一次绕组对二次绕组及外壳、二次绕组之间及外壳绝缘电阻不小于 1000MΩ。 （2）750kV 等级设备 SF$_6$气体湿度（20℃的体积分数）应不大于 200μL/L。 （3）电压互感器一次绕组电阻值与厂家数值比相差小于10%，二次绕组与厂家数值比相差小于15%；电流互感器同一批次、同一规格的电阻值与平均值比较相差小于10%。 （4）励磁特性：电流互感器当保护有要求时，应在待使用抽头或者最大抽头进行，电压超过 4.5kV 时应降频试验，试验数据符合产品技术要求	资料检查过程见证	

1.4 标 准 工 艺 清 单

标准工艺清单见表1-3。

表1-3   标 准 工 艺 清 单

序号	工艺标准	图例
1	GIS应可靠固定，母线筒体高低差及轴线偏差不超标，调整垫片或调整螺栓应用符合产品和规范要求	
2	GIS中断路器、隔离开关、接地开关的操动机构的联动应正常、无卡阻现象；分合闸指示应正确，辅助开关及电气闭锁应正确、可靠	
3	GIS气室防爆膜喷口不应朝向巡视通道	

序号	工艺标准	图例
4	GIS 穿墙壳体与墙体间应采取防护措施，穿墙部位采用非腐蚀性、非导磁性材料进行封堵，墙外侧做好防水措施	
5	户外 GIS 应在法兰接缝、安装螺孔、跨接片接触面周边、法兰对接面注胶孔、盆式绝缘子浇注孔、盲孔等部位涂防水胶	

序号	工艺标准	图例
6	气室隔断标识完整、清晰，隔断盆式绝缘子标识为红色，导通盆式绝缘子标识为绿色	

序号	工艺标准	图例
7	伸缩节安装： （1）安装型伸缩节的螺栓在充入 SF$_6$ 气体后不应再进行调整。温度补偿型伸缩节的螺栓应在充入 SF$_6$ 气体后按照厂家要求调整，使其具有伸缩性，并在显著位置标明极限变形参数。 （2）伸缩节的跨接排应满足伸缩节热胀冷缩的补偿要求。 （3）安装型伸缩节采用红色标识，温度补偿型伸缩节采用绿色标识	

序号	工艺标准	图例
8	SF$_6$气体密度继电器安装： （1）密度继电器与开关设备本体之间的连接方式，应满足不拆卸校验密度继电器的要求。户外安装的密度继电器应安装防雨罩（厂家提供）。 （2）三相分箱的 GIS 母线及断路器气室，禁止采用管路连接。独立气室应安装单独的密度继电器。 （3）密度继电器应靠近巡视走道安装，不应有遮挡。密度继电器安装高度不宜超过 2m（距离地面或检修平台底板）。 （4）密度继电器的二次线护套管在弯曲部位最低处应打泄水孔	
9	设备及支架接地： （1）底座及支架应每个间隔不少于 2 点可靠接地，接地引下线应连接牢固，无锈蚀、损伤、变形，导通良好。明敷接地排水平部分每隔 0.5～1.5m，垂直部分每隔 1.5～3m，转弯部分每隔 0.3～0.5m 应增加支撑件。 （2）电压互感器、避雷器、快速接地开关，应采用专用接地线直接连接到主接地网，不应通过外壳和支架接地。 （3）GIS 法兰连接处采用跨接片时，罐体上应有专用跨接部位，禁止通过法兰螺栓直连。带金属法兰的盆式绝缘子可取消罐体对接处的跨接片，但制造厂应提供型式试验依据。 （4）分相式的 GIS 外壳应在两端和中间设三相短接线，套管处三相汇流后不直接接地，其他位置从三相短接线上一点引出接入主接地网。三相汇流母线应与支架绝缘，电气搭接面应采用可靠防松措施	 

序号	工艺标准	图例
10	设备及支架接地： （1）检修平台应可靠接地，平台各段应增加跨接线，导通良好、连接可靠。 （2）检修平台距基准面高度低于 2m 时，防护栏杆高度不应小于 900mm；检修平台距基准面高度不小于 2m 时，防护栏杆高度不应小于 1050mm，底部应设有 180mm 高的挡脚板	
11	断路器操作平台应可靠接地，平台各段应有跨接线。平台距基准面高度低于 2m 时，防护栏杆高度不应小于 900mm；平台距基准面高度大于等于 2m 时，防护栏杆高度不应小于 1050mm，底部应设有 180mm 高的挡脚板	

序号	工艺标准	图例
12	汇控柜内二次芯线绑扎牢固，横平竖直，接线工艺美观，端子排内外芯线弧度对称一致	

1.5　质量通病防治措施清单

质量通病防治措施清单见表 1-4。

表 1-4　　　　　　　　　　　质量通病防治措施清单

序号	质量通病	防治措施	图例
1	GIS 元件专用接地不规范	按照《输变电工程设计常见病清册（2018 年版）》要求"电压互感器、避雷器、快速接地开关应采用专用接地线接地，各接地点接地排的截面需满足要求，接地开关与快速接地开关的接地端子（兼做试验接线端子的）应与外壳绝缘后再接地"。未找到电压互感器、避雷器需要两点接地依据，因此一点接地即可。 按照《国家电网公司变电验收通用管理规定　第 3 分册　组合电器验收细则》A.8 组合电器中间验收标准卡要求"底座、构架和检修平台可靠接地，导通良好。支架与主地网可靠接地，接地引下线连接牢固，无锈蚀、损伤、变形"。 设计阶段向制造厂明确此项要求，监造及出厂验收时应重点检查，接地端子设置位置应便于与预留接地点连接。图纸会审时重点审查图纸上是否预留专用接地点	 错误照片 1 电压互感器接地串接　错误照片 2 快速地刀未直接接地 正确照片 1 电压互感器接地串接　正确照片 2 快速地刀未直接接地

序号	质量通病	防治措施	图例
2	母线伸缩节未起到伸缩作用	按照《国家电网公司变电验收通用管理规定 第3分册 组合电器验收细则》A.8 组合电器中间验收标准卡要求"检查调整螺栓间隙是否符合厂方规定,留有余度。检查伸缩节跨接接地排的安装配合满足伸缩节调整要求。检查伸缩节温度补偿装置完好,应考虑安装时环境温度的影响,合理预留伸缩节调整量。应对起调节作用的伸缩节进行明确标志"	 错误照片 正确照片2 伸缩节采用柔性跨

续表

序号	质量通病	防治措施	图例
3	GIS 法兰间跨接不规范	按照《国家电网有限公司十八项电网重大反事故措施（2018 年修订版）及编制说明》第 12.2.1.5 条要求"新投运 GIS 采用带金属法兰的盆式绝缘子时应预留窗口用于特高频局部放电检测。采用此结构的盆式绝缘子可取消罐体对接处的跨接片，但生产厂家应提供型式试验依据。如需采用跨接片，户外 GIS 罐体上应有专用跨接部位，禁止通过法兰螺栓直连"	错误照片 GIS 法兰无跨接或金属法兰无型式报告正确照片 GIS 法兰跨接规范

序号	质量通病	防治措施	图例
4	电缆金属槽盒接地不规范	按照《电气装置安装工程 接地装置施工及验收规范》（GB 50169—2016）第 4.2.10 条规定，"电缆金属保护管（槽盒）应接地明显、可靠"	错误照片电缆槽盒未接地 正确照片电缆槽盒接地规范

1.6　强制性条文清单

强制性条文清单见表 1-5。

表 1-5　　　　　　　　　　　　　　强 制 性 条 文 清 单

规程名	条款号	强制性条文
DL/T 5352—2018《高压配电装置设计规范》	2.2.3	GIS 配电装置避雷器的配置，应在与架空线路连接处装设避雷器。该避雷器宜采用敞开式，其接地端应与 GIS 管道金属外壳连接。GIS 母线是否装设避雷器，需经雷电侵入波过电压计算确定
	2.2.4	GIS 配电装置感应电压不应危及人身和设备的安全。外壳和支架上的感应电压，正常运行条件下不应大于 24V，故障条件下不应大于 100V
	2.2.5	在 GIS 配电装置间隔内，应设置一条贯穿所有 GIS 间隔的接地母线或环形接地母线。将 GIS 配电装置的接地线引至接地母线，由接地母线再与接地网连接
	2.2.6	GIS 配电装置宜采用多点接地方式，当选用分相设备时，应设置外壳三相短接线，并在短接线上引出接地线通过接地母线接地。外壳的三相短接线的截面应能承受长期通过的最大感应电流，并应按短路电流校验
	6.3.1	GIS 配电装置布置的设计，应考虑其安装、检修、起吊、运行、巡视以及气体回收装置所需的空间和通道
	6.3.2	同一间隔 GIS 配电装置的布置应避免跨土建结构缝
	6.3.4	GIS 配电装置室内应配备 SF$_6$ 气体净化回收装置，低位区应配有 SF$_6$ 泄漏报警仪及事故排风装置
	6.3.5	屋内 GIS 配电装置两侧应设置安装检修和巡视的通道，主通道宜靠近断路器侧，宽度宜为 2000mm～3500mm；巡视通道不应小于 1000mm
	6.3.6	屋内 GIS 配电装置应设置起吊设备，其容量应能满足起吊最大检修单元要求，并满足设备检修要求
	6.3.7	气体绝缘全封闭组合电器（GIS）的外壳接地端子应专门敷设接地线直接与接地体或接地母线连接

规程名	条款号	强制性条文
GB 50169—2016《电气装置安装工程 接地装置施工及验收规范》	4.3.10.1	GIS 基座上的每一根接地母线，应采用分设其两端的接地线与变电站的接地装置连接。接地线应与 GIS 区域环形接地母线连接。接地母线较长时，其中部应另加接地线，并连接至接地网
	4.3.10.3	当 GIS 露天布置或装设在室内与土壤直接接触的地面上时，其接地开关、氧化锌避雷器的专用接地端子与 GIS 接地母线的连接处，宜装设集中接地装置
GB 50147—2010《电气装置安装工程 高压电器施工及验收规范》	5.2.7	GIS 元件的安装应在制造厂技术人员指导下按产品技术文件要求进行，并应符合下列要求： 预充氮气的箱体应先经排氮，然后充干燥空气，箱体内空气中的氧气含量必须达到 19.5%～23.5%，安装人员才允许进入内部进行检查或安装。 （气体绝缘金属封闭开关）在验收时，应进行下列检查：GIS 中的断路器、隔离开关、接地开关及其操动机构的联动应正常、无卡阻现象；分、合闸指示应正确；辅助开关及电气闭锁应动作正确、可靠
	5.6.1	在验收时，应进行下列检查： （4）GIS 中的断路器、隔离开关、接地开关及其操作机构的联动应正常、无卡阻现象；分、合闸指示应正确；辅助开关及电气闭锁应动作正确、可靠。 （5）密度继电器的报警、闭锁值应符合规定，电气回路传动应正确。 （6）六氟化硫气体漏气率和含水量，应符合现行国家标准《电气装置安装工程电气设备交接试验标准》GB 50150 及产品技术文件的规定。六氟化硫气体压力、泄漏率和含水量应符合现行国家标准《电气装置安装工程电气设备交接试验标准》GB 50150 及产品技术文件的规定

1.7 十八项电网重大反事故措施清单

十八项电网重大反事故措施清单见表 1-6。

表 1-6   十八项电网重大反事故措施清单

序号	条款号	条款内容	控制阶段
1	12.2.1.2.1	GIS 最大气室的气体处理时间不超过 8h。252kV 及以下设备单个气室长度不超过 15m，且单个主母线气室对应间隔不超过 3 个	
2	12.2.1.2.2	三相分箱的 GIS 母线及断路器气室，禁止采用管路连接。独立气室应安装单独的密度继电器，密度继电器表计应朝向巡视通道	
3	12.2.1.3	生产厂家应在设备投标、资料确认等阶段提供工程伸缩节配置方案，并经业主单位组织审核。方案内容包括伸缩节类型、数量、位置及"伸缩节（状态）伸缩量—环境温度"对应明细表等调整参数。伸缩节配置应满足跨不均匀沉降部位（室外不同基础、室内伸缩缝等）的要求。用于轴向补偿的伸缩节应配备伸缩量计量尺	
4	12.2.1.4	双母线、单母线或桥形接线中，GIS 母线避雷器和电压互感器应设置独立的隔离开关。3/2 断路器接线中，GIS 母线避雷器和电压互感器不应装设隔离开关，宜设置可拆卸导体作为隔离装置。可拆卸导体应设置于独立的气室内。架空进线的 GIS 线路间隔的避雷器和线路电压互感器宜采用外置结构	设计制造阶段
5	12.2.1.5	新投运 GIS 采用带金属法兰的盆式绝缘子时，应预留窗口用于特高频局部放电检测。采用此结构的盆式绝缘子可取消罐体对接处的跨接片，但生产厂家应提供型式试验依据。如需采用跨接片，户外 GIS 罐体上应有专用跨接部位，禁止通过法兰螺栓直连	
6	12.2.1.6	户外 GIS 法兰对接面宜采用双密封，并在法兰接缝、安装螺孔、跨接片接触面周边、法兰对接面注胶孔、盆式绝缘子浇注孔等部位涂防水胶	
7	12.2.1.7	同一分段的同侧 GIS 母线原则上一次建成。如计划扩建母线，宜在扩建接口处预装可拆卸导体的独立隔室；如计划扩建出线间隔，应将母线隔离开关、接地开关与就地工作电源一次上全。预留间隔气室应加装密度继电器并接入监控系统	
8	12.2.1.8	吸附剂罩的材质应选用不锈钢或其他高强度材料，结构应设计合理。吸附剂应选用不易粉化的材料并装于专用袋中，绑扎牢固	
9	12.2.1.9	盆式绝缘子应尽量避免水平布置	

序号	条款号	条款内容	控制阶段
10	12.2.1.10	对相间连杆采用转动、链条传动方式设计的三相机械联动隔离开关，应在从动相同时安装分/合闸指示器	设计制造阶段
11	12.2.1.11	GIS 用断路器、隔离开关和接地开关以及罐式 SF$_6$ 断路器，出厂试验时应进行不少于 200 次的机械操作试验（其中断路器每 100 次操作试验的最后 20 次应为重合闸操作试验），以保证触头充分磨合。200 次操作完成后应彻底清洁壳体内部，再进行其他出厂试验	
12	12.2.1.12	GIS 内绝缘件应逐只进行 X 射线探伤试验、工频耐压试验和局部放电试验，局部放电量不大于 3pC	
13	12.2.1.13	生产厂家应对金属材料和部件材质进行质量检测，对罐体、传动杆、拐臂、轴承（销）等关键金属部件应按工程抽样开展金属材质成分检测，按批次开展金相试验抽检，并提供相应报告	
14	12.2.1.14	GIS 出厂绝缘试验宜在装配完整的间隔上进行，设备还应进行正负极性各 3 次雷电冲击耐压试验	
15	12.2.1.15	生产厂家应对 GIS 及罐式断路器罐体焊缝进行无损探伤检测，保证罐体焊缝 100%合格	
16	12.2.1.16	装配前应检查并确认防爆膜是否受外力损伤，装配时应保证防爆膜泄压方向正确、定位准确，防爆膜泄压挡板的结构和方向应避免在运行中积水、结冰、误碰。防爆膜喷口不应朝向巡视通道	
17	12.2.1.17	GIS 充气口保护封盖的材质应与充气口材质相同，防止电化学腐蚀	
18	12.2.2.1	GIS 出厂运输时，应在断路器、隔离开关、电压互感器、避雷器和 363kV 及以上套管运输单元上加装三维冲击记录仪，其他运输单元加装震动指示器。运输中如出现冲击加速度大于 3g 或不满足产品技术文件要求的情况，产品运至现场后应打开相应隔室检查各部件是否完好，必要时可增加试验项目或返厂处理	基建阶段
19	12.2.2.2	SF$_6$ 开关设备进行抽真空处理时，应采用出口带有电磁阀的真空处理设备，在使用前应检查电磁阀，确保动作可靠，在真空处理结束后应检查抽真空管的滤芯是否存在油渍。禁止使用麦氏真空计	
20	12.2.2.3	GIS、罐式断路器现场安装时应采取防尘棚等有效措施，确保安装环境的洁净度	

续表

序号	条款号	条款内容	控制阶段
21	12.2.2.4	GIS 安装过程中应对导体插接情况进行检查，按插接深度标线插接到位，且回路电阻测试合格	
22	12.2.2.5	垂直安装的二次电缆槽盒应从底部单独支撑固定，且通风良好，水平安装的二次电缆槽盒应有低位排水措施	基建阶段
23	12.2.2.6	GIS 穿墙壳体与墙体间应采取防护措施，穿墙部位采用非腐蚀性、非导磁性材料进行封堵，墙外侧做好防水措施	
24	12.2.2.7	伸缩节安装完成后，应根据生产厂家提供的"伸缩节（状态）伸缩量－环境温度"对应参数明细表等技术资料进行调整和验收	

1.8　安全管控风险点及控制措施

安全管控风险点及控制措施见表 1－7。

表 1－7　　　　　　　　　　　　　安全管控风险点及控制措施

序号	安全管控风险点及控制措施
1	在下列情况下不得搬运开关设备： （1）隔离开关、闸刀型开关的刀闸处在断开位置时。 （2）断路器、气动低压断路器、传动装置以及有返回弹簧或自动释放的开关，在合闸位置和未锁好时
2	GIS 在运输和装卸过程中不得倒置、倾翻、碰撞和受到剧烈的振动。制造厂有特殊规定标记的，应按制造厂的规定装运
3	SF_6 气瓶的搬运和保管，应符合下列要求： （1）SF_6 气瓶的安全帽、防振圈应齐全，安全帽应拧紧；搬运时应轻装轻卸，不得抛掷、溜放。 （2）气瓶应存放在防晒、防潮和通风良好的场所；不得靠近热源和油污的地方，水分和油污不应粘在阀门上。 （3）SF_6 气瓶不得与其他气瓶混放

序号	安全管控风险点及控制措施
4	在调整、检修断路器及传动装置时，应有防止断路器意外脱扣伤人的可靠措施，施工作业人员应避开断路器可动部分的动作空间
5	对于液压、气动及弹簧操动机构，不应在有压力或弹簧储能的状态下进行拆装或检修工作
6	放松或拉紧断路器的返回弹簧及自动释放机构弹簧时，应使用专用工具，不得快速释放
7	凡可慢分慢合的断路器，初次动作时不得快分快合
8	操作气动操动机构断路器时，应事先通知高处作业人员及其他施工人员
9	隔离开关采用三相组合吊装时，应检查确认框架强度符合起吊要求
10	隔离开关安装时，在隔离刀刃及动触头横梁范围内不得有人工作。必要时应在开关可靠闭锁后方可进行工作
11	GIS 安装过程中的平衡调节装置应检查完好，临时支撑应牢固。瓷件应安放妥当，不得倾倒、碰撞。所有螺栓的紧固均应使用力矩扳手，其力矩值应符合产品的技术规定
12	在 SF_6 电气设备上及周围的工作应遵守下列规定： （1）在室内，SF_6 配电装置应按设计安装有 SF_6 气体泄漏检测装置，SF_6 气体泄漏检测探头应安装在 SF_6 配电装置下部的地面部位。设备充装 SF_6 气体时应开启通风系统，并避免 SF_6 气体泄漏到工作区，工作区空气中 SF_6 气体含量不得超过 1000μL/L。 （2）工作人员进入 SF_6 配电装置室，入口处若无 SF_6 气体含量显示器，应先通风 15min，并检测 SF_6 气体含量合格。严禁单独一人进入 SF_6 配电装置室内工作。 （3）进入 SF_6 配电装置低位区或电缆沟进行工作，应先检测含氧量（不低于 19.5%）和 SF_6 气体含量（不超过 100μL/L）是否合格。 （4）取出 SF_6 断路器、组合电器中的吸附物时，应使用防护手套、护目镜及防毒口罩、防毒面具（或正压式空气呼吸器）等个人防护用品。清出的吸附剂、金属粉末等废物应按照规定进行处理。 （5）断路器未充到额定压力状态不应进行分、合闸操作

序号	安全管控风险点及控制措施
13	SF$_6$气体回收、抽真空及充气工作应遵守下列规定： （1）对SF$_6$断路器、组合电器进行气体回收、抽真空及充气时，其容器及管道应干燥，施工作业人员应戴手套和口罩，并站在上风口。 （2）设备内的SF$_6$气体不得向大气排放，应采取净化装置回收，经处理检测合格后方准再使用。 （3）从SF$_6$气瓶引出气体时，应使用减压阀降压。当瓶内压力降至0.1MPa时，即停止引出气体，并关紧气瓶阀门，戴上瓶帽。 （4）SF$_6$配电装置发生大量泄漏等紧急情况时，人员应迅速撤出现场，室内应开启所有排风机进行排风

1.9　验收标准清单

验收标准清单（参考《国家电网有限公司变电验收通用管理规定》）见表1-8。

表1-8　　　　　　　　　　　　　　　验收标准清单

序号	验收项目	验收标准	检查方式
		一、组合电器外观验收	
1	外观检查	（1）基础平整无积水、牢固，水平、垂直误差符合要求，无损坏。 （2）安装牢固、外表清洁完整，支架及接地引线无锈蚀和损伤。 （3）瓷件完好清洁。 （4）均压环与本体连接良好，安装应牢固、平正，不得影响接线板的接线；安装在环境温度零度及以下地区的均压环，宜在均压环最低处打排水孔。 （5）开关机构箱机构密封完好，加热驱潮装置运行正常检查。机构箱开合顺畅、箱内无异物。 （6）基础牢固，水平、垂直误差符合要求。	现场检查

续表

序号	验收项目	验收标准	检查方式
1	外观检查	（7）横跨母线的爬梯，不得直接架于母线器身上。爬梯安装应牢固，两侧设置的围栏应符合相关要求。 （8）避雷器泄漏电流表安装高度最高不大于 2m。 （9）落地母线间隔之间应根据实际情况设置巡视梯。在组合电器顶部布置的机构应加装检修平台。 （10）室内 GIS 站房屋顶部需预埋吊点或增设行吊。 （11）母线避雷器和电压互感器应设置独立的隔离开关或隔离断口。 （12）检查断路器分合闸指示器与绝缘拉杆相连的运动部件相对位置有无变化。 （13）电流互感器、电压互感器接线盒电缆进线口封堵严实，箱盖密封良好	现场检查
2	标志	（1）隔断盆式绝缘子标示红色，导通盆式绝缘子标示为绿色。 （2）设备标志正确、规范。 （3）主母线相序标志清楚	现场检查
3	接地检查	（1）底座、构架和检修平台可靠接地，导通良好。 （2）支架与主地网可靠接地，接地引下线连接牢固，无锈蚀、损伤、变形。 （3）GIS 的外壳法兰片间应采用跨接线连接，并应保证良好通路，金属法兰的盆式绝缘子的跨接排要与该组合电器的型式报告样机结构一致。 （4）接地无锈蚀，压接牢固，标志清楚，与地网可靠相连。 （5）本体应多点接地，并确保相连壳体间的良好通路，避免壳体感应电压过高及异常发热威胁人身安全。非金属法兰的盆式绝缘子跨接排、相间汇流排的电气搭接面采用可靠防腐措施和防松措施。 （6）接地排应直接连接到地网，电压互感器、避雷器、快速接地开关应采用专用接地线直接连接到地网，不应通过外壳和支架接地。 （7）带电显示装置的外壳应直接接地。 （8）检修平台的各段增加跨接排，连接可靠导通良好	现场检查

序号	验收项目	验收标准	检查方式
4	密度继电器及连接管路	（1）每一个独立气室应装设密度继电器，严禁出现串联连接；密度继电器应当与本体安装在同一运行环境温度下，各密封管路阀门位置正确。 （2）密度继电器需满足不拆卸校验要求。位置便于检查巡视记录。 （3）二次线必须牢靠，户外安装密度继电器必须有防雨罩，密度继电器防雨箱（罩）应能将表、控制电缆接线端子一起放入，防止指示表、控制电缆接线盒和充放气接口进水受潮。 （4）220kV 及以上分箱结构断路器每相应安装独立的密度继电器。 （5）所在气室名称与实际气室及后台信号对应、一致。 （6）密度继电器的报警、闭锁定值应符合规定。备用间隔（只有母线侧刀闸）及母线筒密度继电器的报警接入相邻间隔。 （7）充气阀检查无气体泄漏，阀门自封良好，管路无划伤。 （8）SF$_6$气体压力均应满足说明书的要求值。 （9）密度继电器的二次线护套管在最低处必须有漏水孔，防止雨水倒灌进入密度表的二次插头造成误发信号。 （10）GIS 密度继电器应朝向巡视主道路，前方不应有遮挡物，满足机器人巡检要求。 （11）阀门开启、关闭标志清晰。 （12）需靠近巡视走道安装表计，不应有遮挡，其安装位置和朝向应充分考虑巡视的便利性和安全性。密度继电器表计安装高度不宜超过 2m（距离地面或检修平台底板）。 （13）所有扩建预留间隔应加装密度继电器并可实现远程监视	现场检查
5	伸缩节及波纹管检查	（1）检查调整螺栓间隙是否符合厂方规定，留有余度。 （2）检查伸缩节跨接接地排的安装配合满足伸缩节调整要求，接地排与法兰的固定部位应涂抹防水胶。 （3）检查伸缩节温度补偿装置完好。应考虑安装时环境温度的影响，合理预留伸缩节调整量。 （4）应对起调节作用的伸缩节进行明确标志	现场检查
6	外瓷套或合成套外表检查	瓷套无磕碰损伤，一次端子接线牢固。金属法兰与瓷件胶装部位黏合应牢固，防水胶应完好	现场检查

序号	验收项目	验收标准	检查方式
7	法兰盲孔检查	（1）盲孔必须打密封胶，确保盲孔不进水。 （2）在法兰与安装板及装接地连片处，法兰和安装板之间的缝隙必须打密封胶	现场检查
8	铭牌	设备出厂铭牌齐全、参数正确	现场检查
9	相序	相序标志清晰正确	现场检查
10	隔离、接地开关电动机构	（1）机构内的弹簧、轴、销、卡片、缓冲器等零部件完好。 （2）机构的分、合闸指示应与实际相符。 （3）传动齿轮应咬合准确，操作轻便灵活。 （4）电机操作回路应设置缺相保护器。 （5）隔离开关控制电源和操作电源应独立分开。同一间隔内的多台隔离开关，必须分别设置独立的开断设备。 （6）机构的电动操作与手动操作相互闭锁应可靠。电动操作前，应先进行多次手动分、合闸，机构动作应正常。 （7）机构动作应平稳，无卡阻、冲击等异常情况。 （8）机构限位装置应准确、可靠，到达规定分、合极限位置时，应可靠地切除电动机电源。 （9）机构密封完好，加热驱潮装置运行正常。 （10）做好控缆进机构箱的封堵措施，严防进水。 （11）三工位的隔离刀闸，应确认实际分合位置，与操作逻辑、现场指示相对应。 （12）机构应设置闭锁销，闭锁销处于"闭锁"位置机构即不能电动操作也不能手动操作，处于"解锁"位置时能正常操作。 （13）应严格检查销轴、卡环及螺栓连接等连接部件的可靠性，防止其脱落导致传动失效。 （14）相间连杆采用转动传动方式设计的三相机械联动隔离开关，应在三相同时安装分合闸指示器	现场检查

续表

序号	验收项目	验收标准	检查方式
11	断路器液压机构	（1）机构内的轴、销、卡片完好，二次线连接紧固。 （2）液压油应洁净无杂质，油位指示应正常，同批安装设备油位指示一致。 （3）液压机构管路连接处应密封良好，管路不应和机构箱内其他元件相碰。 （4）液压机构下方应无油迹，机构箱的内部应无液压油渗漏。 （5）储能时间符合产品技术要求，额定压力下，液压机构的 24h 压力降应满足产品技术条件规定（安装单位提供报告）。 （6）检查油泵启动停止、闭锁自动重合闸、闭锁分合闸、氮气泄漏报警、氮气预充压力、零起建压时间应和产品技术条件相符。 （7）防失压慢分装置应可靠。 （8）电接点压力表、安全阀应校验合格，泄压阀动作应可靠，关闭严密。 （9）微动开关、接触器的动作应准确可靠，接触良好。 （10）油泵打压计数器应正确动作。 （11）安装完毕后应对液压系统及油泵进行排气（查安装记录）。 （12）液压机构操作后液压下降值应符合产品技术要求。 （13）机构打压时液压表指针不应剧烈抖动。 （14）机构上储能位置指示器、分合闸位置指示器便于观察巡视	现场检查
12	断路器弹簧机构	（1）弹簧机构内的弹簧、轴、销、卡片等零部件完好。 （2）机构合闸后，应能可靠保持在合闸位置。 （3）机构上储能位置指示器、分合闸位置指示器便于观察巡视。 （4）合闸弹簧储能完毕后，限位辅助开关应立即将电机电源切断。 （5）储能时间满足产品技术条件规定，并应小于重合闸充电时间。 （6）储能过程中，合闸控制回路应可靠断开	现场检查
13	断路器液压弹簧机构	（1）机构内的轴、销、卡片完好，二次线连接紧固。 （2）液压油应洁净无杂质，油位指示应正常。 （3）液压弹簧机构各功能模块应无液压油渗漏。	现场检查

序号	验收项目	验收标准	检查方式
13	断路器液压弹簧机构	（4）电机零表压储能时间、分合闸操作后储能时间符合产品技术要求，额定压力下，液压弹簧机构的 24h 压力降应满足产品技术条件规定（安装单位提供报告）。 （5）检查液压弹簧机构各压力参数安全阀动作压力、油泵启动停止压力、重合闸闭锁报警压力、重合闸闭锁压力、合闸闭锁报警压力、合闸闭锁压力、分闸闭锁报警压力、分闸闭锁压力应和产品技术条件相符。 （6）防失压慢分装置应可靠，投运时应将弹簧销插入闭锁装置；手动泄压阀动作应可靠，关闭严密。 （7）检查驱潮、加热装置应工作正常。 （8）机构上储能位置指示器、分合闸位置指示器便于观察巡视	现场检查
14	连线引线及接地	（1）连接可靠且接触良好并满足通流要求。接地良好，接地连片有接地标志。 （2）连接螺栓应采用 M16 螺栓固定	现场检查
15	绝缘盆子带电检测部位检查	绝缘盆子为非金属封闭、金属屏蔽但有浇注口；可采用带金属法兰的盆式绝缘子，但应预留窗口，预留浇注口盖板宜采用非金属材质，以满足现场特高频带电检测要求	现场检查
二、汇控柜验收			
16	外观检查	（1）安装牢固、外表清洁完整，无锈蚀和损伤、接地可靠。 （2）基础牢固，水平、垂直误差符合要求。 （3）汇控柜柜门必须设置限位装置，开、关灵活，门锁完好。 （4）回路模拟线正确、无脱落。 （5）汇控柜门需加装跨接接地	现场检查
17	封堵检查	底面及引出、引入线孔和吊装孔，封堵严密可靠	现场检查

续表

序号	验收项目	验收标准	检查方式
18	标志	（1）回路模拟线正确、无脱落。 （2）设备编号牌正确、规范。 （3）标志正确、清晰	现场检查
19	二次接线端子	（1）二次引线连接紧固、可靠，内部清洁；电缆备用芯戴绝缘帽。 （2）应做好二次线缆的防护，避免由于绝缘电阻下降造成开关偷跳	现场检查
20	加热、驱潮装置	运行正常、功能完备。加热、驱潮装置应保证长期运行时不对箱内邻近设备、二次线缆造成热损伤，应大于 80mm，其二次电缆应选用阻燃电缆	现场检查
21	位置及光字指示	断路器、隔离开关分合闸位置指示灯正常，光字牌指示正确与后台指示一致	现场检查
22	二次元件	（1）汇控柜内二次元件排列整齐、固定牢固。并贴有清晰的中文名称标示。 （2）柜内隔离开关空气开关标志清晰，并一对一控制相应隔离开关。 （3）断路器二次回路不应采用 RC 加速设计。 （4）各继电器位置正确，无异常信号。 （5）断路器安装后必须对其二次回路中的防跳继电器、非全相继电器进行传动，并保证在模拟手合于故障条件下断路器不会发生跳跃现象	现场检查
23	照明	灯具符合现场安装条件，开、关应具备门控功能	现场检查
三、联锁检查验收			
24	带电显示装置与接地刀闸的闭锁	带电显示装置自检正常，闭锁可靠	现场检查
25	主设备间联锁检查	（1）满足"五防"闭锁要求。 （2）汇控柜联锁、解锁功能正常	现场检查

序号	验收项目	验收标准	检查方式
四、交接试验验收			
26	主回路绝缘试验	（1）老练试验，应在现场耐压试验前进行。 （2）在 $1.1U_m/\sqrt{3}$ 下进行局放检测，72.5～363kV GIS 的交流耐压值应为出厂值的100%，550kV 及以上电压等级组合电器的交流耐压值应不低于出厂的 90%。 （3）有条件时还应进行冲击耐压试验，雷电冲击试验和操作冲击试验电压值为型式试验施加电压值的80%，正负极性各三次。 （4）应在完整间隔上进行。 （5）局部放电试验应随耐压试验一并进行	旁站见证/资料检查
27	气体密度继电器试验	（1）进行各触点（如闭锁触点、报警触点）的动作值的校验。 （2）随 GIS 本体一起，进行密封性试验	旁站见证/资料检查
28	辅助和控制回路绝缘试验	采用 2500V 绝缘电阻表且绝缘电阻大于 $10M\Omega$	旁站见证/资料检查
29	主回路电阻试验	（1）采用电流不小于 100A 的直流压降法。 （2）现场测试值不得超过控制值 R_n（R_n 是产品技术条件规定值）。 （3）应注意与出厂值的比较，不得超过出厂实测值的120%。 （4）注意三相测试值的平衡度，如三相测量值存在明显差异，须查明原因。 （5）测试应包括所有电气连接	旁站见证/资料检查
30	气体密封性试验	组合电器静止 24h 后进行，采用检漏仪对各气室密封部位、管道接头等处进行检测时，检漏仪不应报警；每一个气室年漏气率不应大于 0.5%	旁站见证/资料检查
31	SF$_6$气体试验	（1）SF$_6$气体必须经 SF$_6$气体质量监督管理中心抽检合格，并出具检测报告后方可使用。 （2）SF$_6$气体注入设备前后必须进行湿度检测，且应对设备内气体进行 SF$_6$纯度检测，必要时进行 SF$_6$气体分解产物检测。结果符合标准要求。 （3）GIS 静止 24h 后进行 SF$_6$气体湿度（20℃的体积分数）试验，应符合下列规定：有灭弧分解物的气室，应不大于 $150\mu L/L$；无灭弧分解物的气室，应不大于 $250\mu L/L$	旁站见证/资料检查

序号	验收项目	验收标准	检查方式
32	机械特性试验	（1）机械特性测试结果符合其产品技术条件的规定，测量开关的行程—时间特性曲线在规定的范围内。 （2）应进行操动机构低电压试验，符合其产品技术条件的规定	旁站见证/资料检查
五、资料验收			
33	订货合同、技术协议	资料齐全	资料检查
34	安装使用说明书，图纸、维护手册等技术文件	资料齐全	资料检查
35	重要材料和附件的工厂检验报告和出厂试验报告	资料齐全，数据合格	资料检查
36	出厂试验报告	资料齐全，数据合格	资料检查
37	三维冲击记录仪记录纸和押运记录	各项记录齐全、数据合格	资料检查
38	安装检查及安装过程记录	记录齐全，数据合格	资料检查
39	安装过程中设备缺陷通知单、设备缺陷处理记录	记录齐全	资料检查
40	交接试验报告	项目齐全，数据合格	资料检查
41	变电工程投运前电气安装调试质量监督检查报告	项目齐全、质量合格	资料检查

序号	验收项目	验收标准	检查方式
42	传感器布点设计详细报告	齐全	资料检查
43	设备监造报告	资料齐全，数据合格	资料检查
44	备品备件、专用工器具、仪器清单	项目齐全，数据合格	资料检查
45	气室分割图、吸附剂布置图	资料齐全，与现场实际核对一致	资料检查

1.10 启动送电前检查清单

启动送电前检查清单见表 1-9。

表 1-9　　　　　　　　　　　启动送电前检查清单

序号	检查项目	检查结论	责任主体
1	SF$_6$阀门是否均在打开位置，气压是否正常 断路器：MPa， 其他：MPa		设备厂家、施工单位、运检单位、监理单位、业主单位
2	断路器机构箱，无杂物，闭锁销已全部拆除		设备厂家、施工单位、运检单位、监理单位、业主单位
3	本体、机构、导流排接地，接地可靠，导通正确		设备厂家、施工单位、运检单位、监理单位、业主单位

序号	检查项目	检查结论	责任主体
4	电压互感器，"N"接地牢固		设备厂家、施工单位、运检单位、监理单位、业主单位
5	避雷器，避雷器放电计数器螺栓无松动，接地牢固		设备厂家、施工单位、运检单位、监理单位、业主单位
6	铁丝等遗物是否已清理		设备厂家、施工单位、运检单位、监理单位、业主单位
7	预留刀闸、地刀位置，按运行要求		设备厂家、施工单位、运检单位、监理单位、业主单位
8	将除测量点外的其他 TA 回路连片恢复并拧紧，测量 TA 的直阻值正确，填写附件 TA 回路检查表。测量完毕，检查 TA 回路抽头使用正确，接地线位置正确，TA 连片已恢复并拧紧		设备厂家、施工单位、运检单位、监理单位、业主单位
9	将除测量点外的其他 TV/CVT 回路连片恢复并拧紧，相关回路电压空开闭合，测量 TV/CVT 回路的直阻值正确，填写附件 TV/CVT 回路检查表。测量完毕，检查 TV/CVT 回路接地线位置正确，TV/CVT 连片已恢复并拧紧		设备厂家、施工单位、运检单位、监理单位、业主单位
10	汇控柜内空气开关、把手处于运行前正常位置		设备厂家、施工单位、运检单位、监理单位、业主单位
11	开关、刀闸均处于分位，汇控柜指示灯正常，报警灯正常		设备厂家、施工单位、运检单位、监理单位、业主单位

2 主变压器（高压电抗器）安装

本章适用于 110～750kV 的主变压器（高压电抗器）设备安装。

2.1 主变压器（高压电抗器）设备安装工艺流程图

主变压器（高压电抗器）设备安装工艺流程图如图 2-1 所示。

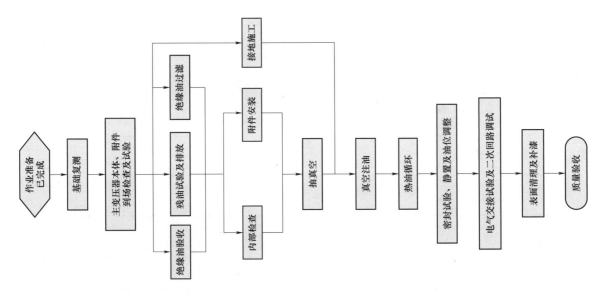

图 2-1 主变压器（高压电抗器）设备安装
工艺流程图

2.2 安装准备清单

安装准备清单见表2-1。

表2-1   安 装 准 备 清 单

序号	类型	要求
1	人员	项目部管理人员、厂家服务人员及施工作业人员均到岗到位，体检合格，经安全生产教育，并考试合格，且均已签订"安全作业告知书"。焊工、电工、起重司机、起重指挥、司索工均具备特种作业资格证，且在有效期内
2	机具	施工机械进场就位，小型工器具配备齐全、状态良好，测量仪器检定合格。吊车及吊具的选择已经按吊装重量最大、工作幅度最大的情况进行了吊装计算，参数选择符合要求。起重机械证件齐全、安全装置完好，并完成报审。真空滤油机组等机具进场后先确认管路、阀门无损坏；检查机具电源回路绝缘状态；检查控制、信号回路；确认电机、传动机构内无异物；确认法兰数量、尺寸满足对接需要；确认机具外壳接地措施完备，以上检查完毕应开机试运行正常。安全工器具数量、种类满足使用需求，检验合格，标识齐全，在有效期内
3	材料	所需安装材料准备齐全充足，检验合格并报审
4	施工方案	"主变压器（高压电抗器）安装施工方案"编审批完成，并对参与安装作业的全体施工人员进行安全技术交底
5	施工环境	提前关注天气预报，根据天气情况进行施工部署。施工区域内的预留孔洞均已使用盖板覆盖，表面喷涂有"孔洞盖板，严禁挪移"字样。基础强度达到设计要求，沟道、构支架等土建工程施工完成，已完成土建交付电气验收。站内道路已硬化，满足设备运输条件。存放安装附件的场地已平整，周边无杂物、土建施工物料堆积。设备区的主接地网已完成施工。施工区域已规范设置开关箱，容量满足长时间抽真空、注油及热油循环要求，施工区域配置足量的消防器材。管路冲洗、取油试验等环节产生的废变压器油定点储存的残油罐已准备好，废油经过统一收集后存放在指定地点，施工结束后根据生产厂家要求进行处置或返厂。设备运输公司已完成运输路径勘查，满足运输要求

序号	类型	要求
6	设计图纸	相关施工图纸已完成图纸会检
7	施工单位与厂家职责分工	主变压器（高压电抗器）安装前，厂家应提供安装作业指导书及安装技术要求文件，并向有关人员进行交底，并与施工单位签订安装分工界面协议

2.3　安装质量控制要点清单

安装质量控制要点清单见表 2-2。

表 2-2　　　　　　　　　　　　　　安装质量控制要点清单

序号	关键工序验收项目		质量要求	检查方式	备注
1	本体到货验收	油箱及附件	（1）油箱及所有附件应齐全，无锈蚀及机械损伤，密封应良好。 （2）油箱箱盖或钟罩法兰及封板的连接螺栓应齐全，紧固良好，无渗漏。 （3）浸入油中运输的附件，其油箱应无渗漏。 （4）充气运输的设备，油箱内应为微正压，其压力为 0.01～0.03MPa；压力值应记录从设备出厂到设备到达现场全过程。 （5）油中水分含量，1000～330kV：≤15mg/L。220kV：≤25mg/L；110kV 及以下：≤35mg/L。 （6）残油击穿电压，750～1000kV：≥60kV，500kV：≥50kV，330kV：≥45kV，220～66kV：≥35kV，35kV 及以下：≥30kV	现场检查	
		检查三维冲击记录仪	（1）检查三维冲击记录仪应具有时标且有合适量程，设备在运输及就位过程中受到的冲击值，应符合制造厂规定或小于 3g。 （2）220kV 及以上主变压器运输应装设 2 台三维冲撞记录仪（1000kV 需不同厂家不同原理），并应按不同方向设置	现场检查	

序号	关键工序验收项目		质量要求	检查方式	备注
2	组部件到货验收	套管及升高座	（1）套管外表面无损伤、裂痕，充油套管无渗漏。 （2）套管升高座（TA 安装在内）不随主油箱运输而单独运输时，内腔应抽真空后充以变压器油或压力 0.01～0.03MPa 的干燥空气	现场检查	
		冷却器	（1）应有防护性隔离措施或采用包装箱。 （2）所有接口法兰应用钢板良好封堵、密封。 （3）放气塞和放油塞要密封紧固	现场检查	
		组部件、备件	组部件、备件应齐全，规格应符合设计要求，包装及密封应良好	现场检查	
		备品备件等	备品备件、专用工具和仪表单独包装，并明显标记数量齐全，符合技术协议要求	现场检查	
		螺栓	变压器在现场组装安装需用的螺栓和销钉等，应多装运 10%	现场检查	
3	绝缘油到货验收	变压器绝缘油	（1）符合 110%油量的招标要求。 （2）绝缘油应进行油化试验，大罐油应每罐取样，小桶油按《电力用油（变压器油、汽轮机油）取样方法》（GB/T 7597—2007）要求抽样试验；油化试验标准应满足附录 A 的要求	现场检查	
4	高中压套管安装验收	套管及电流互感器	试验合格。电流互感器二次绕组外观包裹完好、无擦碰伤以及线圈裸露等现象	现场检查	
		升高座安装	（1）二次接线板及端子密封完好，无渗漏，清洁无氧化二次引线连接螺栓紧固、接线可靠、二次引线裸露部分不大于 5mm；备用芯应使用保护帽；无渗漏油。 （2）检查放气塞在升高座最高处，无渗油。 （3）安装位置正确。 （4）绝缘筒装配正确，不影响套管穿入。 （5）法兰连接紧密，无渗漏。 （6）跨接接地齐全，可靠，颜色标识正确	现场检查	

序号	关键工序 验收项目		质量要求	检查方式	备注
4	高中压套管 安装验收	套管检查	（1）瓷套外观清洁，无损伤，无渗油，油位正常。 （2）套管金属法兰结合面应平整，无外伤或铸造砂眼。 （3）放气塞位于套管法兰最高处，无渗漏。 （4）相序符合铭牌要求。 （5）末屏检查接地可靠	现场检查	
		套管安装	（1）法兰密封垫安装正确，密封良好，法兰连接螺栓齐全，紧固。 （2）油位指示面向外侧，便于巡视检查。 （3）引出线顺直、不扭曲。 （4）应力锥在均压罩内，深度合适。 （5）均压球在均压屏蔽罩内间距 15mm 左右。 （6）等电位铜片连接可靠。 （7）引出线与套管连接接触良好、连接可靠、套管顶部结构密封良好。 （8）均压环表面应光滑无划痕，安装牢固且方向正确，均压环易积水部位最低点应有排水孔。 （9）跨接接地齐全，可靠，颜色标识正确	现场检查	
5	低压套管安装验收	套管检查	（1）外观清洁，无损伤。 （2）放气塞在套管最高处，无渗漏	现场检查	
		套管安装	（1）法兰密封垫安装正确，密封良好，法兰连接螺栓齐全，紧固。 （2）绕组引线与套管连接螺栓紧固。 （3）跨接接地齐全，可靠，颜色标识正确	现场检查	
6	电压切换装置安装验收	无励磁分接开关	（1）顶盖、操动机构档位指示一致。 （2）传动连杆安装正确，转动无卡阻。 （3）触头接触良好。 （4）直流电阻和变比测量的数值与档位相符	现场检查	

续表

序号	关键工序 验收项目		质量要求	检查方式	备注
6	电压切换装置安装验收	有载调压开关	（1）切换开关的触头及其连接线应完整无损，且接触良好。每对触头不大于 500μΩ；其限流电阻应完好，无断裂现象。 （2）传动机构中的操动机构、电动机、传动齿轮和杠杆应固定牢靠，连接位置正确，且操作灵活，无卡阻现象传动机构的摩擦部分应涂以适合当地气候条件的润滑脂。 （3）切换装置的工作顺序应符合产品出厂要求；切换装置在极限位置时，其机械联锁与极限开关的电气联锁动作应正确。 （4）档位指示器应动作正常，指示正确。 （5）注入油箱中的绝缘油，其绝缘强度应符合产品的技术要求。 （6）有载分接开关切换开关油室应能经受 0.05MPa 压力的油压试验，历时 24h 无渗漏；油位正常，且低于本体油位	现场检查	
7	储油柜安装验收	储油柜检查	（1）储油柜内部检查清洁、无杂物、无锈蚀。 （2）储油柜外观检查无变形、无锈蚀、密封良好。 （3）胶囊外观清洁，无变形、损伤，1kPa 下持续 20min 气密性检查无泄漏。 （4）金属波纹节无裂缝、变形现象，清洁，密封良好	现场检查	
		储油柜安装	（1）胶囊沿长度方向应与储油柜的长轴保持平行，不应扭偏。 （2）胶囊口密封无泄漏，呼吸通畅。 （3）波纹式储油柜滑槽清理干净，波纹节伸缩移动灵活，无卡涩现象。 （4）气体继电器联管在储油柜端稍高，朝储油柜方向有 1.5%～2% 升高坡度	现场检查	
		油位计安装	（1）油位计安装位置应便于观察。 （2）油位计动作灵活，油位表的指示必须与储油柜的真实油位相符，不得出现假油位。 （3）油位表的信号接点位置正确	现场检查	

序号	关键工序验收项目		质量要求	检查方式	备注
8	吸湿器安装验收	外观检查	（1）吸湿器外观检查密封良好，无裂纹。 （2）吸湿器塑料布包装、密封等已解除，确保呼吸畅通。 （3）跨接接地齐全，可靠，颜色标识正确	现场检查	
		安装	（1）连通管整体清洁、无堵塞、无锈蚀，与油枕旁通阀门关闭正确；连接法兰密封垫安装正确，密封良好，法兰连接螺栓齐全，紧固。 （2）注入吸湿器油杯的油量要适中，应略高于油面线，油位线应高于呼吸管口，并能起到长期呼吸作用。 （3）吸湿剂干燥、无变色，在顶盖下应留出 1/5～1/6 高度的空隙，在 2/3 位置处应有标识，吸湿器底部离地面 1.5m	现场检查	
9	压力释放装置安装验收	外观检查	校验合格，内部检查无杂物、污迹、无渗漏，防雨措施可靠	现场检查	
		安装	（1）安全管道将油导至离地面 500mm 高处，喷口朝向鹅卵石，并且不应靠近控制柜或其他附件。 （2）法兰连接螺栓紧固，无渗漏。 （3）动作指示位置正确。 （4）阀盖及弹簧无变动，定位装置在变压器运行前拆除。 （5）电触点检查动作准确，绝缘良好。 （6）管口底部应有防止杂物堆积及防止小动物进入的防护措施	现场检查	
10	气体继电器安装验收	安装前检查	外观清洁、完好，试验及校验合格，运输用的固定措施已解除	现场检查	
		继电器安装	（1）气体继电器应在真空注油完毕后再安装。 （2）继电器水平安装，箭头标志指向储油柜，连接密封严密。 （3）户外继电器加装防雨罩，满足防护电缆进口 50mm。 （4）集气盒无气体、无渗漏，管路无变形、无死弯。 （5）主连通管沿主油管道朝储油柜方向有 1.5%～2%升高坡度。 （6）气体继电器安装应便于检查和运行中取气，或有集气盒引下。 （7）气体继电器在安装时，至少一端应采用波纹管进行连接。 （8）采用排油注氮保护装置的变压器应使用双浮球结构的气体继电器	现场检查	

序号	关键工序验收项目		质量要求	检查方式	备注
10	气体继电器安装验收	二次接线	（1）电缆引线在接入气体继电器处有滴水弯，进线孔封堵严密。 （2）重瓦斯保护宜采用就地跳闸方式,即将重瓦斯保护通过较大启动功率中间继电器的两副触点分别直接接入断路器的两个跳闸回路	现场检查	
11	测温装置安装验收	外观检查	（1）温度计校验合格，户外加装防雨罩应满足防护电缆进口 50mm。 （2）表计密封良好、无凝露。 （3）测温包毛细导管不宜过长，无破损变形、死弯，弯曲半径≥50mm	现场检查	
		安装	（1）就地与远方温度显示基本一致，偏差小于 5℃。 （2）根据运行规程或厂家要求整定，接点动作正确。 （3）温度计座内应注以变压器油，密封应良好，无渗油现象；闲置的温度计座也应密封，不得进水	现场检查	
12	冷却器安装验收	安装前检查	（1）冷却器外观检查无变形、渗漏，法兰端面平整。 （2）外接管路清洁、无锈蚀。 （3）冷却器密封性试验按制造厂规定压力值 30min 无渗漏	现场检查	
		冷却器安装	（1）冷却器、外接油管路用合格的绝缘油经净油机循环冲洗干净，并将残油排尽。 （2）散热器安装顶部放气孔位置靠近阀门，散热器间隙均匀，围铁连接牢固。 （3）支座及拉杆调整法兰面平行、密封垫居中，不偏心受压。 （4）所有法兰连接螺栓紧固，无渗漏。 （5）阀门操作灵活，开闭位置正确。 （6）外接管路流向标志正确，安装位置偏差符合要求。 （7）风扇安装牢固，运转平稳无卡阻，转向正确，叶片无变形。 （8）高处安装潜油泵应加装防雨罩。 （9）跨接接地齐全，可靠，颜色标识正确。 （10）风机固定位置应加软垫，防止震动	现场检查	

序号	关键工序 验收项目		质量要求	检查方式	备注
12	冷却器安装 验收	动作试验	（1）油流继电器接点动作正确，无凝露。 （2）潜油泵运转平稳，转向正确，转速≤1000r/min。 （3）冷却器两路电源应独立，两路电源任意一相缺相，断相保护均能正确动作，两路电源自动切换。 （4）强油风冷手动自动投入正确，辅助、备用冷却器投入动作正确、信号正确；强油循环结构的潜油泵应具备逐台启动措施，延时间隔在30s以上。 （5）自然循环风冷系统手动、温度控制自动投入动作校验正确、信号正确。 （6）强迫油循环水冷却器，持续运行1h应无渗漏，水、油系统应分别检查渗漏	现场检查	
13	中性点安装 验收	间隙安装	（1）根据各单位变压器中性点绝缘水平和过电压水平校核后确定的数值进行验收。 （2）中性点间隙采用直径14mm或16mm的圆钢，中性点间隙水平布置，端部为半球形，表面加工细致无毛刺并镀锌尾部应留有15～20mm螺扣，用于调节间隙距离。 （3）在安装中性点间隙时，应考虑与周围接地物体的距离大于1m，接地棒长度应≥0.5m，离地面距离应≥2m	现场检查	
14	抽真空验收	抽真空前阀门、管道连接	（1）胶囊式储油柜上旁通阀门，真空注油时打开，真空注油结束后关闭，正常运行时处于关闭状态。 （2）对采用有载分接开关的变压器油箱应同时按要求抽真空，抽真空前应用连通管接通本体与开关油室。	现场检查	

续表

序号	关键工序验收项目		质量要求	检查方式	备注
		抽真空前阀门、管道连接	（3）变压器、电抗器注油时，宜从下部油阀进油；对导向强油循环的变压器，注油按产品技术文件的要求执行。 （4）跨接接地齐全，可靠，颜色标识正确	现场检查	.
14	抽真空验收	抽真空	（1）真空泵或真空机组应有防止真空泵油倒灌的措施，禁止使用麦氏真空计。 （2）气体继电器不能随油箱同时抽真空。 （3）变压器真空度符合要求（220～500kV 变压器的真空度不应大于133Pa，750～1000kV 变压器的真空度不应大于13Pa）。 （4）220～330kV 变压器的真空保持时间不得少于 8h；500kV 变压器的真空保持时间不得少于 24h；750～1000kV 变压器的真空保持时间不得少于 48h 方可注油。 （5）抽真空时应监视并记录油箱的变形，其最大值不得超过箱壁厚度最大值的两倍。 （6）及时填写质量管控卡，数据真实正确	现场检查	
15	绝缘油性能验收	绝缘油性能	（1）新安装的变压器不宜使用混合油。 （2）注油前各项性能指标应满足附录 A 的要求。 （3）绝缘油介质损耗因数 $\tan\delta$：90℃时，注入电气设备前≤0.005，注入电气设备后≤0.007	资料检查	
16	注油验收	注油	（1）变压器本体及各侧绕组、滤油机及油管道应可靠接地。 （2）注入油温应高于器身温度，注油速度不宜大于 100L/min。 （3）在最高、最低油位应检查油位计接点动作正确。 （4）油位指示应符合"油温—油位曲线"，略高于标准油位	现场检查	
		密封试验	（1）变压器注油后，在储油柜顶部施加 0.03MPa 的压力 24h，应无渗漏。 （2）整体运输变压器可不进行密封试验	现场检查/资料检查	

序号	关键工序验收项目		质量要求	检查方式	备注
17	静置及放气	静置	（1）变压器注油（热油循环）完毕后，在施加电压前，应进行静置。 （2）110kV 及以下变压器静置时间不少于 24h，220kV 及 330kV 变压器不少于 48h，500kV 及 750kV 变压器不少于 72h，1000kV 变压器不少于 168h	现场检查	
		放气	静置完毕后，应从变压器套管、升高座、冷却装置、气体继电器及压力释放装置等有关部位进行多次放气，并启动潜油泵，直至残余气体排尽，调整油位至相应环境温度时的位置	现场检查	
18	热油循环验收	热油循环	（1）热油循环前，应对油管抽真空。 （2）冷却器内的油应与油箱主体的油同时进行热油循环。 （3）循环过程中，滤油机加热脱水缸中的温度，应控制在 65℃±5℃ 范围内，油箱内温度不应低于 40℃，当环境温度全天平均低于 15℃ 时，应对油箱采取保温措施	现场检查	
		持续时间	热油循环持续时间不应少于 48h，或不少于 3×变压器总油重/通过滤油机每小时的油量，以时间长者为准	现场检查	
		绝缘油性能	热油循环后的变压器油应满足附录 A 的要求。即，1000kV 变压器含气量≤0.5%	资料检查	
19	接地装置验收	外壳接地	（1）两点以上与不同主地网格连接牢固，导通良好，截面符合动热稳定要求。 （2）变压器本体上、下油箱跨接或接地螺栓紧固，接触良好	现场检查	
		中性点接地	套管引线应加满足伸缩要求的软连接，使用双根接地排引下，与接地网主网格的不同接地支线连接，每根引下线截面符合动热稳定校核要求	现场检查	

序号	关键工序验收项目		质量要求	检查方式	备注
19	接地装置验收	平衡线圈接地	（1）平衡线圈若两个端子引出，管间引线应加软连接，截面符合动热稳定要求。 （2）若三个端子引出，则单个套管接地，另外两个端子应加包绝缘热缩套，防止端子间短路	现场检查	
		铁芯接地	接地良好，接地引下应便于接地电流检测，引下线截面满足热稳定校核要求，铁芯接地引下线应与夹件接地分别引出，并在油箱下部分别标识	现场检查	
		夹件接地	接地良好，接地引下应便于接地电流检测，引下线截面满足热稳定校核要求	现场检查	
		组部件接地	储油柜、套管、升高座、有载开关、端子箱等应有短路接地	现场检查	
		备用 TA 短接接地	正确、可靠	现场检查	
20	其他验收	35、20、10kV 铜排母线桥	（1）装设绝缘热缩保护，加装绝缘护层，引出线需用软连接引出。 （2）引排挂接地线处三相应错开	现场检查	
		各侧引线	（1）接线正确，松紧适度，排列整齐，相间、对地安全距离满足要求。 （2）接线端子连接面应涂以薄层电力复合脂。 （3）户外线夹朝上安装时，应在底部设不大于 $\phi 8$ 滴水孔	现场检查	
		导电回路螺栓	（1）主导电回路采用强度 8.8 级热镀锌螺栓。 （2）采取弹簧垫圈等防松措施。 （3）连接螺栓应齐全、紧固，紧固力矩符合 GB 50149	现场检查	
		爬梯	梯子有一个可以锁住踏板的防护机构，距带电部件的距离应满足电气安全距离的要求；无集气盒的应便于对气体继电器带电取气	现场检查	

序号	关键工序验收项目		质量要求	检查方式	备注
20	其他验收	控制箱、端子箱、机构箱	（1）安装牢固,密封、封堵、接地良好,接地线应使用截面不少于100mm²的铜缆（排）可靠连接。 （2）除器身端子箱外,加热装置与各元件、二次电缆的距离应大于50mm,温控器有整定值,动作正确,接线整齐。 （3）端子箱、冷却装置控制箱内各空开、继电器标志正确、齐全,严禁交、直流空开和端子混用。 （4）端子箱内直流＋、－极,跳闸回路应与其他回路接线之间应至少有一个空端子,二次电缆备用芯应加装保护帽。 （5）交直流回路应分开使用独立的电缆,二次电缆走向牌标示清楚	现场检查	
		二次电缆	（1）电缆走线槽应固定牢固,排列整齐,封盖良好并不易积水。 （2）电缆保护管无破损锈蚀。 （3）电缆浪管不应有积水弯或高挂低用现象,若有应做好封堵并开排水孔。 （4）所有二次端子盒在进线处应封堵良好,并在密封处采用涂防水密封胶的防雨措施。 （5）槽盒应满足电缆长度要求,跨接齐全	现场检查	
		消防设施	齐全、完好,符合设计或厂家标准	现场检查	
		事故排油设施	（1）排油设施应完好、通畅。 （2）鹅卵石无明显油迹。 （3）事故油池内的液体高度应小于容量的1/3	现场检查	
		专用工器具清单、备品备件	齐全	现场检查	

序号	关键工序验收项目		质量要求	检查方式	备注
21	交接试验	绝缘油试验	（1）应在注油静置后、耐压和局部放电试验24h后各进行一次器身内绝缘油的油中溶解气体色谱分析。 （2）油中气体含量应符合以下标准：氢气≤10μL/L、乙炔≤0.1μL/L、总烃≤20μL/L，特别注意有无增长。 （3）其他性能指标参见表A1　绝缘油验收标准卡	资料检查/现场抽检	
		绕组变形试验	（1）110（66）kV及以上变压器应分别采用低电压短路阻抗法、频率响应法进行该项试验；35kV及以下变压器采用低电压短路阻抗法进行该项试验。 （2）容量100MVA及以下且电压220kV以下变压器低电压短路阻抗值与出厂值相比偏差不大于±2%，相间偏差不大于±2.5%；容量100MVA以上或电压220kV及以上变压器低电压短路阻抗值与出厂值相比偏差不大于±1.6%，相间偏差不大于±2.0%。 （3）绕组频响曲线的各个波峰、波谷点所对应的幅值及频率与出厂试验值基本一致，且三相之间结果相比无明显差别	旁站见证/资料检查/现场抽检	
		绕组连同套管的绝缘电阻、吸收比或极化指数测量	（1）绝缘电阻值不低于产品出厂试验值的70%或不低于10000MΩ（20℃），吸收比（R60/R15）不小于1.3，或极化指数（R600/R60）不应小于1.5（10～40℃时）；同时换算至出厂同一温度进行比较。 （2）吸收比、极化指数与出厂值相比无明显变化。 （3）35～110kV变压器R60大于3000MΩ（20℃）吸收比不做考核要求，220kV及以上大于10000MΩ（20℃）时，极化指数可不做考核要求	旁站见证/资料检查/现场抽检	
		铁芯及夹件绝缘电阻测量	采用2500V绝缘电阻表测量，持续时间1min，绝缘电阻值不小于1000MΩ，应无闪络及击穿现象	旁站见证/资料检查/现场抽检	
		套管绝缘电阻	主绝缘对地绝缘电阻不小于10000MΩ、末屏对地绝缘电阻不小于1000MΩ	旁站见证/资料检查/现场抽检	

序号	关键工序验收项目		质量要求	检查方式	备注
21	交接试验	绕组连同套管的介质损耗、电容量测量	（1）被测绕组的 tanδ 值不宜大于产品出厂试验值的 130%，当大于 130%时，可结合其他绝缘试验结果综合分析判断。 （2）换算至同一温度进行比较；20℃时介质损耗因数要求 330kV 及以上：tanδ≤0.5%；110（66）～220kV：tanδ≤0.8%；35kV 及以下≤1.5%。 （3）绕组电容量与出厂试验值相比超过±3%时，应予以注意	旁站见证/资料检查/现场抽检	
		套管中的电流互感器试验	（1）各绕组比差和角差应与出厂试验结果相符。 （2）校核工频下的励磁特性，应满足继电保护要求，与制造厂提供的励磁特性应无明显差别。 （3）各二次绕组间及其对外壳的绝缘电阻不宜低于 1000MΩ；端子箱内 TA 二次回路绝缘电阻大于 1MΩ。 （4）二次端子极性与接线应与铭牌标志相符。 （5）电流互感器变比、直流电阻试验合格	旁站见证/资料检查/现场抽检	
		非纯瓷套管的试验	（1）电容型套管的介质损耗与出厂值相比无明显变化，电容量与产品铭牌数值或出厂试验值相比差值在±5%范围内。 （2）介质损耗因数符合 330kV 及以上：tanδ≤0.5%；其他油浸纸：tanδ≤0.7%；胶浸纸：≤0.7%	旁站见证/资料检查/现场抽检	
		绕组连同套管的直流电阻测量	测量应在各分接头的所有位置进行，在同一温度下： （1）1600kVA 及以下容量等级三相变压器，各相测得值的相互差应小于平均值的 4%，线间测得值的相互差应小于平均值的 2%。 （2）1600kVA 及以上三相变压器，各相测得值的相互差应小于平均值的 2%，线间测得值的相互差应小于平均值的 1%。 （3）与出厂实测值比较，变化不应大于 2%	旁站见证/资料检查/现场抽检	
		有载调压切换装置的检查和试验	应进行有载调压切换装置切换特性试验，检查全部动作顺序、过渡电阻值、三相同步偏差、切换时间等符合厂家技术要求	旁站见证/资料检查/现场抽检	

序号	关键工序验收项目		质量要求	检查方式	备注
21	交接试验	所有分接位置的电压比检查	额定分接头电压比误差不大于±0.5%，其他电压分接比误差不大于±1%，与制造厂铭牌数据相比应无明显差别	旁站见证/资料检查/现场抽检	
		三相接线组别和单相变压器引出线的极性检查	接线组别和极性与铭牌一致	旁站见证/资料检查/现场抽检	
		绕组连同套管的交流耐压试验	外施交流电压按出厂值80%进行	旁站见证/资料检查	
		绕组连同套管的长时感应电压试验带局部放电试验	（1）110kV 及以上变压器必须进行现场局部放电，按照 GB/T 1094.3—2017《电力变压器　第3部分：绝缘水平、绝缘试验和外绝缘空气间隙》规定进行。 （2）对于新投运油浸式变压器，要求 $1.5U_m/\sqrt{3}$ 电压下，220～750kV 变压器局放量不大于 100pC。 （3）1000kV 特高压变压器测量电压为 $1.3U_m/\sqrt{3}$，主体变压器高压绕组不大于 100pC，中压绕组不大于 200pC，低压绕组不大于 300pC；调压补偿变压器 110kV 端子不大于 300pC。 （4）对于有运行史的 220kV 及以上油浸式变压器，要求 $1.3U_m/\sqrt{3}$ 电压下，局放量一般不大于 300pC	旁站见证	
		二次回路绝缘电阻	1000V 绝缘电阻表不低于 1MΩ	旁站见证/资料检查	

2.4 标 准 工 艺 清 单

标准工艺清单见表 2-3。

表 2-3 标 准 工 艺 清 单

序号	工艺标准	图例
1	主变压器（高压电抗器）的中心与基础中心线重合。本体固定牢固可靠，本体固定方式（如卡扣、焊接、专用固定件）符合产品和设计要求，各部位清洁无杂物、污迹，相色标识正确	
2	附件齐全，安装正确，功能正常，无渗漏油现象，套管无损伤、裂纹。安装穿芯螺栓应保证两侧螺栓露出长度一致	

序号	工艺标准	图例
3	电缆排列整齐、美观，固定与防护措施可靠，宜采用封闭式槽盒	
4	均压环安装应无划痕、毛刺，安装牢固、平整、无变形，底部最低处应打不大于 8mm 的泄水孔	

序号	工艺标准	图例
5	户外布置的继电器本体及其二次电缆进线 50mm 内应被防雨罩遮蔽，45°向下雨水不能直淋。气体继电器安装箭头朝向储油柜且有 1.5%～2%的升高坡度，连接面紧固，受力均匀。气体继电器观察窗的挡板处于打开位置	
6	在户外安装的气体继电器、油流速动继电器、变压器油（绕组）温度计、油位表等应安装防雨罩（厂家提供）	

序号	工艺标准	图例
7	220kV 及以上变压器本体采用双浮球并带挡板结构的气体继电器（厂家提供）	
8	集气盒内应注满绝缘油，吸湿器呼吸正常，油杯内油量应略高于油面线，吸湿剂干燥、无变色，在顶盖下应留出 1/5～1/6 高度的空隙，在 2/3 位置处应有标识，吸湿剂罐为全透明（方便观察）	

序号	工艺标准	图例
9	冷却器与本体、气体继电器与储油柜之间连接的波纹管，两端口同心偏差不应大于 10mm	
10	储油柜安装确认方向正确并进行位置复核，胶囊或隔膜应无泄漏，油位指示与储油柜油面高度符合产品技术文件要求	

序号	工艺标准	图例
11	有载开关分接头位置与指示器指示相对应且指示正确，油室密封良好。净油器滤网完好无损	
12	散热器及风扇编号齐全，散热器法兰、油管法兰间应采用截面积不小于 $16mm^2$ 的跨接线通过专用螺栓跨接，严禁通过安装螺栓跨接	
13	事故排油阀应设置在本体下部，且放油口朝向事故油池，阀门应采用蝶阀，不得采用球阀，封板采用脆性材料	

序号	工艺标准	图例
14	安全气道隔膜与法兰连接严密，不与大气相通。压力释放阀导油管朝向鹅卵石，不得朝向基础。喷口应装设封网，其离地面高度为500mm，且不应靠近控制柜或其他附件	
15	阀门功能标识及注放油、消防管道介质流向标识齐全、正确	

序号	工艺标准	图例
16	套管与封闭母线（外部分支套管）中心线一致。变压器套管与硬母线连接时应采取软连接等防止套管端子受力的措施，套管油表应向外便于观察。变压器低压侧硬母线支柱绝缘子应有专用固定支架，不得固定在散热器上。套管末屏密封良好，接地可靠，套管法兰螺栓齐全、紧固	
17	本体应两点与主接地网不同网格可靠连接。调压机构箱、二次接线箱应可靠接地。电流互感器备用绕组应短路后可靠接地	

序号	工艺标准	图例
18	中性点引出线应两点接地，分别与主接地网的不同干线相连，中性点引出线与本体可靠绝缘，且采用淡蓝色标识	
19	铁芯、夹件应分别可靠一点接地，接地排上部与瓷套接线端子连接部位、接地排下部与主接地网连接部位应采用软连接，铁芯、夹件引出线与本体可靠绝缘，且采用黑色标识	

序号	工艺标准	图例
20	分体式变压器中性点分别采用软母线引出至中性线管形母线，自中性线管形母线一侧采用支柱绝缘子与支架绝缘引下后再通过两根接地线与主接地网不同干线可靠相连。接地连接处应安装网栏进行防护，经小电抗接地处的网栏不应构成闭合磁路	
21	钟罩式变压器本体外壳上下法兰之间应可靠跨接	
22	变压器主导电回路应采用 8.8 级热镀锌螺栓	

续表

序号	工艺标准	图例
23	220kV 及以下主变压器的 6～35kV 中（低）压侧引线、户外母线（不含架空软导线型式）及接线端子应绝缘化；500（330）kV 变压器 35kV 套管至母线的引线应绝缘化	

2.5　质量通病防治措施清单

质量通病防治措施清单见表 2－4。

表2-4　　　　　　　　　　　　质量通病防治措施清单

序号	质量通病	防治措施	图例
1	主变压器本体、铁芯、夹件接地不规范	主变压器本体两点以上与不同主地网格连接，牢固且导通良好；铁芯接地引下线应与夹件接地分别引出与主接地网相连，并与主变压器本体可靠绝缘，其规格应满足设计要求，铁芯、夹件引出线宜采用黑色标识	
2	母排支柱绝缘子固定不规范描述：变压器母排支柱绝缘子直接固定在散热器上，无固定支架	为防止散热器片受力导致漏油等，母排支柱绝缘子不应直接固定在散热器上，应按照设计图纸制作固定支架。设计应提前与厂家认真核实图纸要求，防止不符合要求的产品进入现场，同时设备到货后要与设计图纸认真核对，发现问题及时向有关部门反馈	母排支柱绝缘子直接固定在散热器上　　　母排支柱绝缘子固定在支架上

序号	质量通病	防治措施	图例
3	变压器气体继电器等防雨措施不规范	按照《国家电网有限公司十八项电网重大反事故措施（修订版）及编制说明》第 9.3.2.1 条要求"户外布置变压器的气体继电器、油流速动继电器、温度计、油位表应加装防雨罩，并加强与其相连的二次电缆结合部的防雨措施，二次电缆应采取防止雨水顺电缆倒灌的措施（如反水弯）"。 按照《国家电网公司变电验收通用管理规定 第 1 分册 油浸式变压器（电抗器）验收细则》A.14 变压器竣工（预）验收标准卡"本体及二次电缆进线 50mm 应被遮蔽，45°向下雨水不能直淋"。订货技术协议中应明确防雨罩能够起到很好的防雨效果，到货验收阶段发现不满足要求时，及时要求厂家予以整改	 气体继电器防雨罩过小　　气体继电器防雨罩规范
4	均压环、导线金具排水孔不规范	按照《电气装置安装工程 电力变压器、油浸电抗器、互感器施工及验收规范》（GB 50148—2010）第 4.8.8 条规定"均压环易积水部位最低点应有排水孔"。 按照《电气装置安装工程 母线装置施工及验收规范》（GB 50149—2010）第 3.5.11 条规定"室外易积水的线夹应设置排水孔"（见右图）。 导线金具、压接头、套管均压环等易积水部位最低点应打排水孔，防止冬季雨（雪）水进入后结冰导致胀裂，应加强各级验收把关工作	 导线金具未打排水孔　　导线金具排水孔规范

序号	质量通病	防治措施	图例
5	法兰间跨接不规范	按照《变电站工程主要电气设备安装质量工艺关键环节管控记录卡 1000kV变压器》管控记录卡要求"主变压器连接管路的法兰间跨接线连接牢固"。1000kV及以下变压器可参照执行。考虑法兰间设置绝缘垫片，可能导致变压器附件之间发生感应放电，对变压器的招标技术规范书进行修订，明确提出各类连接管、连接件间应进行跨接。设计阶段明确提出相关要求，到货验收阶段进行验收，发现问题及时要求厂家整改	法兰间缺少跨接线　　　法兰间跨接线规范
6	变压器事故放油阀设置不规范	油浸式电力变压器为解决火灾时放油问题设置有事故放油装置，当变压器发生火灾时，事故放油阀将变压器油排至事故油池，通过鹅卵石隔绝，防止火势进一步扩大。在变压器事故放油阀后加装事故排油管与常闭阀门，能够解决火灾时操作人员近距离无法排油的难题。	事故放油阀弯头封死　　　事故放油阀无弯头

序号	质量通病	防治措施	图例
6	变压器事故放油阀设置不规范	设备招标或设计联络会时应向厂家提出明确要求，弯头封板应采用脆性材料，到货验收时各参建单位应进行重点验收，避免漏装或安装不规范	 事故放油阀未采用蝶阀　　事故放油阀设置规范

2.6　强制性条文清单

强制性条文清单见表2-5。

表2-5　　　　　　　　　　　强制性条文清单

规程名	条款号	强制性条文
GB 50148—2010《电气装置安装工程 电力变压器、油浸电抗器、互感器施工及验收规范》	4.1.3	变压器、电抗器在装卸和运输过程中，不应有严重冲击和振动。电压在220kV及以上且容量在150MVA及以上的变压器和电压为330kV及以上的电抗器均需装设三维冲击记录仪。冲击允许值需符合制造厂及合同的规定：前后＜3g，上下＜1g，左右＜1g。4.1.7 充干燥气体运输的变压器、电抗器油箱内的气体压力需保持在0.01MPa～0.03MPa。干燥气体露点温度必须低于-40℃。每台变压器、电抗器必须配有可以随时补气的纯净、干燥气体瓶，始终保持变压器、电抗器内为正压力，并设有压力表进行监视

续表

规程名	条款号	强制性条文
GB 50148—2010《电气装置安装工程　电力变压器、油浸电抗器、互感器施工及验收规范》	4.4.3	充氮的变压器、电抗器需吊罩检查时，必须让器身在空气中暴露 15min 以上，待氮气充分扩散后进行
	4.5.3	有下列情况之一时，需对变压器、电抗器进行器身检查： 变压器、电抗器运输和装卸过程中冲撞加速度出现大于 3g 或冲撞加速度监视装置出现异常情况时，需由建设、监理、施工、运输和创造广等单位代表共同分析原因并出具正式报告。必须进行运输和装卸过程分析，明确相关责任，并确定进行现场器身检查或返厂进行检查和处理
	4.5.5	进行器身检查时必须符合以下规定： （1）凡雨、雪天，风力达 4 级以上，相对湿度 75%以上的天气，不得进行器身检查。 （2）在没有排氮前，任何人不得进入油箱。当油箱内的含氧量未达到 19.5%以上时，人员不得进入。 （3）在内检过程中，必须向箱体内持续补充露点低于−40℃的干燥空气，以保持含氧量不得低于 19.5%，相对湿度不大于 20%。补充干燥空气的速率，需符合产品技术文件要求
	4.9.1	绝缘油必须按现行国家标准《电气装置安装工程电气设备交接试验标准》GB 50150 的规定试验合格后，方可注入变压器、电抗器中
	4.9.2	不同牌号的绝缘油或同牌号的新油与运行过的油混合使用前，必须做混油试验
	4.9.6	在抽真空时，必须将不能承受真空下机械强度的附件与油箱隔离，对允许抽同样真空度的部件，需同时抽真空。真空泵或真空机组需有防止突然停止或因误操作而引起真空泵油倒灌的措施
	4.12.1	变压器、电抗器在试运行前，需进行全面检查，确认其符合运行条件时为可投入试运行。检查项目需包含以下内容和要求： （1）事故排油设施需完好，消防设施齐全。 （2）变压器本体需两点接地。中性点接地引出后需有两根接地引线与主接地网的不同干线连接，其规格需满足设计要求。 （3）铁芯和夹件的接地引出套管、套管的末屏接地需符合产品技术文件的要求，电流互感器备用二次线圈端子需短接接地。套管顶部结构的接触及密封需符合产品技术文件的要求

续表

规程名	条款号	强制性条文
GB 50148—2010《电气装置安装工程 电力变压器、油浸电抗器、互感器施工及验收规范》	4.12.2	变压器、电抗器试运行时需按下列规定项目进行检查： 中性点接地系统的变压器，在进行冲击合闸时，其中性点必须接地
	5.3.6	互感器的下列各部位应可靠接地： 3 互感器的外壳。 4 电流互感器的备用二次绕组端子应先短路后接地。 6 应保证工作接地点有两根与主接地网不同地点连接的接地引下线
GB 50169—2016《电气装置安装工程 接地装置施工及验收规范》	3.0.4	电气装置的下列金属部分，均必须接地： 1 电气设备的金属底座、框架及外壳和传动装置。 2 携带式移动式用电器具的金属底座和外壳。 3 箱式变电站的金属箱体。 4 互感器的二次绕组。 5 配电、控制、保护用的（柜、箱）及操作台的金属框架和底座。 6 电力电缆的金属护层、接头盒、终端头和金属保护管及二次电缆的屏蔽层。 7 电缆桥架、支架和井架。 8 变电站（换流站）构、支架。 9 架空地线或电气设备的电力线路杆塔。 10 配电装置的金属遮栏。 11 电热设备的金属外壳
	4.1.8	严禁利用金属软管、管道保温层的金属外皮或金属网、低压照明网络的导线铅皮以及电缆金属护层作为接地线
	4.2.9	电气装置的接地线必须单独与接地母线或接地网相连接，严禁在一条接地线中串接两个及两个以上需要接地的电气装置

2.7 十八项电网重大反事故措施清单

十八项电网重大反事故措施清单见表2-6。

表2-6   十八项电网重大反事故措施清单

序号	条款号	条款内容
1	9.1.1	240MVA 及以下容量变压器应选用通过短路承受能力试验验证的产品；500kV 变压器和 240MVA 以上容量变压器应优先选用通过短路承受能力试验验证的相似产品。生产厂家应提供同类产品短路承受能力试验报告或短路承受能力计算报告
2	9.1.2	在变压器设计阶段，应取得所订购变压器的短路承受能力计算报告，并开展短路承受能力复核工作，220kV 及以上电压等级的变压器还应取得抗震计算报告
3	9.1.3	在变压器制造阶段，应进行电磁线、绝缘材料等抽检，并抽样开展变压器短路承受能力试验验证
4	9.1.4	220kV 及以下主变压器的 6kV～35kV 中（低）压侧引线、户外母线（不含架空软导线型式）及接线端子应绝缘化；500（330）kV 变压器 35kV 套管至母线的引线应绝缘化；变电站出口 2km 内的 10kV 线路应采用绝缘导线
5	9.1.5	变压器中、低压侧至配电装置采用电缆连接时，应采用单芯电缆；运行中的三相统包电缆，应结合全寿命周期及运行情况进行逐步改造
6	9.1.6	全电缆线路禁止采用重合闸，对于含电缆的混合线路应根据电缆线路距离出口的位置、电缆线路的比例等实际情况采取停用重合闸等措施，防止变压器连续遭受短路冲击
7	9.2.1.1	出厂试验时应将供货的套管安装在变压器上进行试验；密封性试验应将供货的散热器（冷却器）安装在变压器上进行试验；主要附件（套管、分接开关、冷却装置、导油管等）在出厂时均应按实际使用方式经过整体预装

序号	条款号	条款内容
8	9.2.1.2	出厂局部放电试验测量电压为 $1.5U_m/3$ 时，110（66）kV 电压等级变压器高压侧的局部放电量不大于 100pC；220kV～750kV 电压等级变压器高、中压端的局部放电量不大于 100pC；1000kV 电压等级变压器高压端的局部放电量不大于 100pC，中压端的局部放电量不大于 200pC，低压端的局部放电量不大于 300pC。但若有明显的局部放电量，即使小于要求值也应查明原因。330kV 及以上电压等级强迫油循环变压器还应在潜油泵全部开启时（除备用潜油泵）进行局部放电试验，试验电压为 $1.3U_m/3$，局部放电量应小于以上的规定值
9	9.2.1.3	生产厂家首次设计、新型号或有运行特殊要求的变压器，在首批次生产系列中应进行例行试验、型式试验和特殊试验（短路承受能力试验视实际情况而定）
10	9.2.1.4	500kV 及以上电压等级并联电抗器的中性点电抗器出厂试验应进行短时感应耐压试验（ACSD）
11	9.2.1.5	有中性点接地要求的变压器应在规划阶段提出直流偏磁抑制需求，在接地极 50km 内的中性点接地运行变压器应重点关注直流偏磁情况
12	9.2.2.1	对于分体运输、现场组装的变压器宜进行真空煤油气相干燥
13	9.2.2.2	充气运输的变压器应密切监视气体压力，压力低 0.01MPa 时要补干燥气体，现场充气保存时间不应超过 3 个月，否则应注油保存，并装上储油柜
14	9.2.2.3	变压器新油应由生产厂家提供新油无腐蚀性硫、结构簇、糠醛及油中颗粒度报告。对 500kV 及以上电压等级的变压器还应提供 T501 等检测报告
15	9.2.2.4	110（66）kV 及以上电压等级变压器在运输过程中，应按照相应规范安装具有时标且有合适量程的三维冲击记录仪。变压器就位后，制造厂、运输部门、监理单位、用户四方人员应共同验收，记录纸和押运记录应提供给用户留存
16	9.2.2.5	强迫油循环变压器安装结束后应进行油循环，并经充分排气、静放后方可进行交接试验
17	9.2.2.6	110（66）kV 及以上电压等级变压器在出厂和投产前，应采用频响法和低电压短路阻抗法对绕组进行变形测试，并留存原始记录

序号	条款号	条款内容
18	9.2.2.7	110（66）kV 及以上电压等级的变压器在新安装时，应进行现场局部放电试验，110（66）kV 电压等级变压器高压端的局部放电量不大于 100pC；220kV～750kV 电压等级变压器高压端的局部放电量不大于 100pC，中压端的局部放电量不大于 200pC；1000kV 电压等级变压器高压端的局部放电量不大于 100pC，中压端的局部放电量不大于 200pC，低压端的局部放电量不大于 300pC。有条件时，500kV 并联电抗器在新安装时可进行现场局部放电试验
19	9.2.2.8	对 66kV～220kV 电压等级变压器，在新安装时应抽样进行空载损耗试验和负载损耗试验
20	9.2.2.9	当变压器油温低于 5℃时，不宜进行变压器绝缘试验，如需试验应对变压器进行加温（如热油循环等）
21	9.2.3.3	220kV 及以上电压等级变压器拆装套管、本体排油暴露绕组或进入内检后，应进行现场局部放电试验
22	9.2.3.4	铁芯、夹件分别引出接地的变压器，应将接地引线引至便于测量的适当位置，以便在运行时监测接地线中是否有环流，当运行中环流异常变化时，应尽快查明原因，严重时应采取措施及时处理
23	9.2.3.5	220kV 及以上电压等级油浸式变压器和位置特别重要或存在绝缘缺陷的 110（66）kV 油浸式变压器，应配置多组分油中溶解气体在线监测装置
24	9.3.1.1	油灭弧有载分接开关应选用油流速动继电器，不应采用具有气体报警（轻瓦斯）功能的气体继电器；真空灭弧有载分接开关应选用具有油流速动、气体报警（轻瓦斯）功能的气体继电器。新安装的真空灭弧有载分接开关，宜选用具有集气盒的气体继电器
25	9.3.1.2	220kV 及以上变压器本体应采用双浮球并带挡板结构的气体继电器
26	9.3.1.3	变压器本体保护宜采用就地跳闸方式，即将变压器本体保护通过两个较大启动功率中间继电器的两副触点分别直接接入断路器的两个跳闸回路
27	9.3.1.4	气体继电器和压力释放阀在交接和变压器大修时应进行校验
28	9.3.2.1	户外布置变压器的气体继电器、油流速动继电器、温度计、油位表应加装防雨罩，并加强与其相连的二次电缆结合部的防雨措施，二次电缆应采取防止雨水顺电缆倒灌的措施（如反水弯）

序号	条款号	条款内容
29	9.3.2.2	变压器后备保护整定时间不应超过变压器短路承受能力试验承载短路电流的持续时间（2s）
30	9.3.3.2	不宜从运行中的变压器气体继电器取气阀直接取气；未安装气体继电器采气盒的，宜结合变压器停电检修加装采气盒，采气盒应安装在便于取气的位置
31	9.3.3.3	吸湿器安装后，应保证呼吸顺畅且油杯内有可见气泡。寒冷地区的冬季，变压器本体及有载分接开关吸湿器硅胶受潮达到 2/3 时，应及时进行更换，避免因结冰融化导致变压器重瓦斯误动作
32	9.4.1	新购有载分接开关的选择开关应有机械限位功能，束缚电阻应采用常接方式。新投或检修后的有载分接开关，应对切换程序与时间进行测试。当开关动作次数或运行时间达到生产厂家规定时，应按照生产厂家的检修规程进行检修
33	9.4.2	有载调压变压器抽真空注油时，应接通变压器本体与开关油室旁通管，保持开关油室与变压器本体压力相同。真空注油后应及时拆除旁通管或关闭旁通管阀门，保证正常运行时变压器本体与开关油室不导通
34	9.4.3	无励磁分接开关在改变分接位置后，应测量使用分接的直流电阻和变比；有载分接开关检修后，应测量全分接的直流电阻和变比，合格后方可投运
35	9.5.1	新型或有特殊运行要求的套管，在首批次生产系列中应至少有一支通过全部型式试验，并提供第三方权威机构的型式试验报告
36	9.5.2	新安装的 220kV 及以上电压等级变压器，应核算引流线（含金具）对套管接线柱的作用力，确保不大于套管及接线端子弯曲负荷耐受值
37	9.5.3	110（66）kV 及以上电压等级变压器套管接线端子（抱箍线夹）应采用 T2 纯铜材质热挤压成型。禁止采用黄铜材质或铸造成型的抱箍线夹
38	9.5.4	套管均压环应采用单独的紧固螺栓，禁止紧固螺栓与密封螺栓共用，禁止密封螺栓上、下两道密封共用

序号	条款号	条款内容
39	9.5.5	油浸电容型套管事故抢修安装前，如有水平运输、存放情况，安装就位后，带电前必须进行一定时间的静放，其中1000kV应大于72h，750kV套管应大于48h，500（330）kV套管应大于36h，110（66）kV～220kV套管应大于24h
40	9.5.7	新采购油纸电容套管在最低环境温度下不应出现负压。生产厂家应明确套管最大取油量，避免因取油样而造成负压。运行巡视应检查并记录套管油位情况，当油位异常时，应进行红外精确测温，确认套管油位。当套管渗漏油时，应立即处理，防止内部受潮损坏
41	9.5.9	加强套管末屏接地检测、检修和运行维护，每次拆/接末屏后应检查末屏接地状况，在变压器投运时和运行中开展套管末屏的红外检测。对结构不合理的套管末屏接地端子应进行改造
42	9.6.1	6kV～10kV电压等级穿墙套管应选用不低于20kV电压等级的产品
43	9.6.2	在线监测和带电检测装置通过电容型穿墙套管末屏接地线取信号时，接地引下线应固定牢靠并防止摆动。电容型穿墙套管检修或试验后，应及时恢复末屏接地并检查是否可靠，尤其应注意圆柱弹簧压接式末屏
44	9.7.1.1	优先选用自然油循环风冷或自冷方式的变压器
45	9.7.1.2	新订购强迫油循环变压器的潜油泵应选用转速不大于1500r/min的低速潜油泵，对运行中转速大于1500r/min的潜油泵应进行更换。禁止使用无铭牌、无级别的轴承的潜油泵
46	9.7.1.3	新建或扩建变压器一般不宜采用水冷方式。对特殊场合必须采用水冷却系统的，应采用双层铜管冷却系统
47	9.7.1.4	变压器冷却系统应配置两个相互独立的电源，并具备自动切换功能；冷却系统电源应有三相电压监测，任一相故障失电时，应保证自动切换至备用电源供电
48	9.7.1.5	强迫油循环变压器内部故障跳闸后，潜油泵应同时退出运行
49	9.7.2.1	冷却器与本体、气体继电器与储油柜之间连接的波纹管，两端口同心偏差不应大于10mm
50	9.7.2.2	强迫油循环变压器的潜油泵启动应逐台启用，延时间隔应在30s以上，以防止气体继电器误动
51	9.8.1	采用排油注氮保护装置的变压器，应配置具有联动功能的双浮球结构的气体继电器

序号	条款号	条款内容
52	9.8.2	排油注氮保护装置应满足以下要求： （1）排油注氮启动（触发）功率应大于220V×5A（DC）； （2）排油及注氮阀动作线圈功率应大于220V×6A（DC）； （3）注氮阀与排油阀间应设有机械连锁阀门； （4）动作逻辑关系应为本体重瓦斯保护、主变（高压电抗器）压器断路器跳闸、油箱超压开关（火灾探测器）同时动作时才能启动排油充氮保护
53	9.8.3	水喷淋动作功率应大于8W，其动作逻辑关系应满足变压器超温保护与变压器断路器跳闸同时动作
54	9.8.4	装有排油注氮装置的变压器本体储油柜与气体继电器间应增设断流阀，以防因储油柜中的油下泄而致使火灾扩大
55	9.8.5	现场进行变压器干燥时，应做好防火措施，防止加热系统故障或绕组过热烧损
56	9.8.6	应由具有消防资质的单位定期对灭火装置进行维护和检查，以防止误动和拒动
57	9.8.7	变压器降噪设施不得影响消防功能，隔声顶盖或屏障设计应能保证灭火时，外部消防水、泡沫等灭火剂可以直接喷向起火变压器

2.8　安全管控风险点及控制措施

安全管控风险点及控制措施见表2-7。

表2-7　　　　　　　　　　安全管控风险点及控制措施

序号	安全管控风险点及控制措施
1	110kV及以上或容量30MVA及以上的油浸变压器、电抗器安装前应依据安装使用说明书编制施工方案（含安全技术措施），并进行交底

序号	安全管控风险点及控制措施
2	充氮变压器、电抗器未经充分排氮（其气体含氧密度未达到19.5%及以上时），作业人员不得入内。变压器注油排氮时，任何人不得在排气孔处停留
3	进行变压器、电抗器内部作业时，通风和安全照明应良好，并设专人监护；作业人员应穿无纽扣、无口袋的工作服、耐油防滑靴等专用防护用品；带入的工具应拴绳、登记、清点，严防工具及杂物遗留在器身内
4	安装升高座等附件时，必须正确使用安全带。法兰对接过程中，不得用手插在对接孔中找正，防止人身伤害
5	在变压器顶部作业时，应采取防滑、防坠落措施
6	油浸变压器、电抗器在放油及滤油过程中，外壳、铁芯、夹件及各侧绕组应可靠接地，储油罐和油处理设备本体以及油系统的金属管道应可靠接地，防止静电火花
7	储油和油处理现场应配备足够、可靠的消防器材，应制定明确的消防责任制，10m范围内不得有火种及易燃易爆物品
8	按生产厂家技术文件要求吊装套管
9	110kV及以上变压器、电抗器吊芯或吊罩检查应满足下列要求： 1）变压器、电抗器吊罩（吊芯）方式应符合规范及产品技术要求。 2）外罩（芯部）应落地放置在外围干净支垫上，如外罩受条件限制需要在芯部上方进行芯部检查，芯部铁芯上需要采用干净垫木支撑，并在起吊装置采取安全保护措施后再开始芯部检查作业。 3）芯部检查作业过程不得攀登引线木架上下，梯子不应直接靠在线圈或引线上
10	变压器、电抗器干燥应满足下列要求： 1）变压器进行干燥前应制定安全技术措施。 2）干燥变压器使用的电源容量与导线规格应经计算，电源应有保障措施，电路中应装设继电保护装置。 3）干燥变压器时，应根据干燥的方式，在相应位置装设温控计，但不应使用水银温度计。 4）干燥变压器应设值班人员和必要的监视设备，并按照要求做好记录。 5）采用绕组短路干燥时，短路线应连接牢固；采用涡流干燥时，应使用绝缘线。连接及干燥过程应采取措施防止触电事故。 6）干燥变压器现场不得放置易燃物品，应配备足够的消防器材。 7）干燥过程变压器外壳应可靠接地

序号	安全管控风险点及控制措施
11	变压器附件有缺陷需要进行焊接处理时，应制定动火作业安全措施
12	变压器引线局部焊接不良需在现场进行补焊时，应制订专项施工方案并采取绝热和隔离等防火措施
13	对已充油的变压器、电抗器的微小渗漏进行补焊时，应制订专项施工方案，开具动火工作票，并遵守下列规定： 1）变压器、电抗器的油面呼吸畅通。 2）焊接部位应在油面以下。 3）应采用气体保护焊或断续的电焊。 4）焊点周围油污应清理干净
14	变压器、电抗器带电前本体外壳、铁芯、夹件及接地套管等附件应可靠接地，电流互感器备用二次端子应短接接地

2.9 验 收 标 准 清 单

验收标准清单见表2-8。

表2-8   验 收 标 准 清 单

序号	验收项目	验收标准	检查方式
一、本体外观验收			
1	外观检查	表面干净无脱漆锈蚀，无变形，密封良好，无渗漏，标志正确、完整，放气塞紧固	现场检查
2	铭牌	设备出厂铭牌齐全、参数正确	现场检查
3	相序	相序标志清晰正确	现场检查

序号	验收项目	验收标准	检查方式
		二、套管验收	
4	外观检查	（1）瓷套表面无裂纹，清洁，无损伤，注油塞和放气塞紧固，无渗漏油。 （2）油位计就地指示应清晰，便于观察，油位正常，油套管垂直安装油位在 1/2 以上（非满油位），倾斜 15° 安装应高于 2/3 至满油位。 （3）相色标志正确、醒目	现场检查
5	末屏检查	套管末屏密封良好，接地可靠	现场检查
6	升高座	法兰连接紧固、放气塞紧固	现场检查
7	二次接线盒	密封良好，二次引线连接紧固、可靠，内部清洁；电缆备用芯加装保护帽；备用电缆出口应进行封堵	现场检查
8	引出线安装	不采用铜铝对接过渡线夹，引线接触良好、连接可靠，引线无散股、扭曲、断股现象	现场检查
		三、分接开关验收	
9	无励磁分接开关	（1）顶盖、操动机构档位指示一致。 （2）操作灵活，切换正确，机械操作闭锁可靠	现场检查
10	有载分接开关	手动操作不小于 2 个循环、电动操作不少于 5 个循环。其中电动操作时电源电压为额定电压的 85% 及以上。 （1）本体指示、操动机构指示以及远方指示应一致。 （2）操作无卡涩、联锁、限位、连接校验正确，操作可靠；机械联动、电气联动的同步性能应符合制造厂要求，远方、就地及手动、电动均进行操作检查。 （3）有载开关油枕油位正常，并略低于变压器本体储油柜油位。 （4）有载开关防爆膜处应有明显防踩踏的提示标志	现场检查
		四、在线净油装置验收	
11	外观	装置完好，部件齐全，各联管清洁、无渗漏、污垢和锈蚀；进油和出油的管接头上应安装逆止阀；连接管路长度及角度适宜，使在线净油装置不受应力	现场检查

序号	验收项目	验收标准	检查方式
12	装置性能	检查手动、自动及定时控制装置正常，按使用说明进行功能检查	现场检查
五、储油柜验收			
13	外观检查	外观完好，部件齐全，各联管清洁、无渗漏、污垢和锈蚀	现场检查
14	胶囊气密性	呼吸通畅	现场检查
15	旁通阀	抽真空及真空注油时阀门打开，真空注油结束立即关闭	现场检查
16	断流阀	安装位置正确、密封良好，性能可靠，投运前处于运行位置	现场检查
17	油位计	（1）反映真实油位，油位符合油温油位曲线要求，油位清晰可见，便于观察。 （2）油位表的信号接点位置正确、动作准确，绝缘良好	现场检查
六、吸湿器验收			
18	外观	密封良好，无裂纹，吸湿剂干燥、自上而下无变色，在顶盖下应留出 1/5～1/6 高度的空隙，在 2/3 位置处应有标示	现场检查
19	油封油位	油量适中，在最低刻度与最高刻度之间，呼吸正常	现场检查
20	连通管	清洁、无锈蚀	现场检查
七、压力释放装置验收			
21	安全管道	将油导至离地面 500mm 高处，喷口朝向鹅卵石，并且不应靠近控制柜或其他附件	现场检查
22	定位装置	定位装置应拆除	现场检查
23	电触点检查	接点动作准确，绝缘良好	现场检查

续表

序号	验收项目	验收标准	检查方式
八、气体继电器验收			
24	校验	校验合格	现场检查
25	继电器安装	继电器上的箭头标志应指向储油柜，无渗漏，无气体，芯体绑扎线应拆除，油位观察窗挡板应打开	现场检查
26	继电器防雨、防震	户外变压器加装防雨罩，本体及二次电缆进线 50mm 应被遮蔽，45°向下雨水不能直淋	现场检查
27	浮球及干簧接点	（1）浮球及干簧接点完好、无渗漏，接点动作可靠。 （2）采用排油注氮保护装置的变压器应使用双浮球结构的气体继电器	现场检查
28	集气盒	集气盒应引下便于取气，集气盒内要充满油、无渗漏，管路无变形、无死弯，处于打开状态	现场检查
29	主连通管	朝储油柜方向有 1.5%～2%升高坡度	现场检查
九、温度计验收			
30	温度计校验	校验合格	现场检查
31	整定与调试	根据运行规程（或制造厂规定）整定，接点动作正确	现场检查
32	温度指示	现场多个温度计指示的温度、控制室温度显示装置或监控系统的温度应基本保持一致，误差不超过 5K	现场检查
33	密封	密封良好、无凝露，温度计应具备良好的防雨措施，本体及二次电缆进线 50mm 应被遮蔽，45°向下雨水不能直淋	现场检查
34	温度计座	（1）温度计座应注入适量变压器油，密封良好。 （2）闲置的温度计座应注入适量变压器油密封，不得进水	现场检查

序号	验收项目	验收标准	检查方式
35	金属软管	不宜过长，固定良好，无破损变形、死弯，弯曲半径≥50mm	现场检查
十、冷却装置验收			
36	外观检查	无变形、渗漏；外接管路清洁、无锈蚀，流向标志正确，安装位置偏差符合要求	现场检查
37	潜油泵	运转平稳，转向正确，转速≤1000r/min，潜油泵的轴承应采取E级或D级，油泵转动时应无异常噪声、振动	现场检查
38	油流继电器	指针指向正确，无抖动，继电器接点动作正确，无凝露	现场检查
39	所有法兰连接	连接螺栓紧固，端面平整，无渗漏	现场检查
40	风扇	安装牢固，运转平稳，转向正确，叶片无变形	现场检查
41	阀门	操作灵活，开闭位置正确，阀门接合处无渗漏油现象	现场检查
42	冷却器两路电源	两路电源任意一相缺相，断相保护均能正确动作，两路电源相互独立、互为备用	现场检查
43	风冷控制系统动作校验	动作校验正确	现场检查
十一、接地装置验收			
44	外壳接地	（1）两点以上与不同主地网格连接，牢固，导通良好，截面符合动热稳定要求。 （2）变压器本体上、下油箱连接排螺栓紧固，接触良好	现场检查
45	中性点接地	套管引线应加软连接，使用双根接地排引下，与接地网主网格的不同边连接，每根引下线截面符合动热稳定校核要求	现场检查
46	平衡线圈接地	（1）平衡线圈若两个端子引出，管间引线应加软连接，截面符合动热稳定要求。 （2）若三个端子引出，则单个套管接地，另外两个端子应加包绝缘热缩套，防止端子间短路	现场检查

序号	验收项目	验收标准	检查方式
47	铁芯接地	接地良好，接地引下应便于接地电流检测，引下线截面满足热稳定校核要求，铁芯接地引下线应与夹件接地分别引出，并在油箱下部分别标识	现场检查
48	夹件接地	接地良好，接地引下应便于接地电流检测，引下线截面满足热稳定校核要求	现场检查
49	组部件接地	储油柜、套管、升高座、有载开关、端子箱等应有短路接地	现场检查
50	备用 TA 短接接地	正确、可靠	现场检查
十二、中性点间隙验收			
51	中性点放电间隙安装	（1）根据各单位变压器中性点绝缘水平和过电压水平校核后确定的数值进行验收。 （2）中性点间隙可用直径 14mm 或 16mm 的圆钢，中性点间隙水平布置，端部为半球形，表面加工细致无毛刺并镀锌，尾部应留有 15～20mm 螺扣，用于调节间隙距离。 （3）在安装中性点间隙时，应考虑与周围接地物体的距离大于 1m，接地棒长度应不小于 0.5m，离地面距离应≥2m。 （4）对于 110kV 变压器，当中性点绝缘的冲击耐受电压不大于 185kV 时，还应在间隙旁并联金属氧化物避雷器，间隙距离及避雷器参数配合应进行校核，间隙、避雷器应同时配合保证工频和操作过电压都能防护	现场检查
十三、其他验收			
52	35、20、10kV 铜排母线桥	（1）装设绝缘热缩保护，加装绝缘护层，引出线需用软连接引出。 （2）引排挂接地线处三相应错开	现场检查
53	各侧引线	（1）接线正确，松紧适度，排列整齐，相间、对地安全距离满足要求。 （2）接线端子连接面应涂以薄层电力复合脂。 （3）户外引线 400mm² 及以上线夹朝上 30°～90° 安装时，应在底部设滴水孔	现场检查
54	导电回路螺栓	（1）主导电回路采用强度 8.8 级热镀锌螺栓。 （2）采取弹簧垫圈等防松措施。 （3）连接螺栓应齐全、紧固，紧固力矩符合 GB 50149	现场检查

序号	验收项目	验收标准	检查方式
55	爬梯	梯子有一个可以锁住踏板的防护机构，距带电部件的距离应满足电气安全距离的要求；无集气盒的应便于对气体继电器带电取气	现场检查
56	控制箱、端子箱、机构箱	（1）安装牢固，密封、封堵、接地良好。 （2）除器身端子箱外，加热装置与各元件、二次电缆的距离应大于80mm，温控器有整定值，动作正确，接线整齐。 （3）端子箱、冷却装置控制箱内各空气开关、继电器标志正确、齐全。 （4）端子箱内直流＋、－极，跳闸回路应与其他回路接线之间应至少有一个空端子，二次电缆备用芯应加装保护帽。 （5）交直流回路应分开使用独立的电缆，二次电缆走向牌标示清楚	现场检查
57	二次电缆	（1）电缆走线槽应固定牢固，排列整齐，封盖良好并不易积水。 （2）电缆保护管无破损锈蚀。 （3）电缆浪管不应有积水弯或高挂低用现象，若有应做好封堵并开排水孔	现场检查
58	消防设施	齐全、完好，符合设计或厂家标准	现场检查
59	事故排油设施	完好、通畅	现场检查
60	专用工器具清单、备品备件	齐全	现场检查
十四、绝缘油试验验收			
61	绝缘油试验	（1）应在注油静置后、耐压和局部放电试验24h后各进行一次器身内绝缘油的油中溶解气体色谱分析。 （2）油中气体含量应符合以下标准：氢气≤10μL/L、乙炔≤0.1μL/L、总烃≤20μL/L；特别注意有无增长。 （3）其他性能指标参见附录A	资料检查/现场抽检

序号	验收项目	验收标准	检查方式
		十五、电气试验验收	
62	绕组变形试验	（1）110（66）kV 及以上变压器应分别采用低电压短路阻抗法、频率响应法进行该项试验；35kV 及以下变压器采用低电压短路阻抗法进行该项试验。 （2）容量 100MVA 及以下且电压 220kV 以下变压器低电压短路阻抗值与出厂值相比偏差不大于±2%，相间偏差不大于±2.5%；容量 100MVA 以上或电压 220kV 及以上变压器低电压短路阻抗值与出厂值相比偏差不大于±1.6%，相间偏差不大于±2.0%。 （3）绕组频响曲线的各个波峰、波谷点所对应的幅值及频率与出厂试验值基本一致，且三相之间结果相比无明显差别	旁站见证/资料检查/现场抽检
63	绕组连同套管的绝缘电阻、吸收比或极化指数测量	（1）绝缘电阻值不低于产品出厂试验值的 70%或不低于 10000MΩ（20℃），吸收比（R60/R15）不小于 1.3，或极化指数（R600/R60）不应小于 1.5（10~40℃时）；同时换算至出厂同一温度进行比较。 （2）吸收比、极化指数与出厂值相比无明显变化。 （3）35~110kV 变压器 R60 大于 3000MΩ（20℃）吸收比不做考核要求，220kV 及以上大于 10000MΩ（20℃）时，极化指数可不做考核要求	旁站见证/资料检查/现场抽检
64	铁芯及夹件绝缘电阻测量	采用 2500V 绝缘电阻表测量，持续时间 1min，绝缘电阻值不小于 1000MΩ，应无闪络及击穿现象	旁站见证/资料检查/现场抽检
65	绕组连同套管的泄漏电流测量	（1）35kV 及以上，且容量在 8000kVA 及以上时，进行该项目。 （2）试验电压标准： 表如下： 注：绕组额定电压为 13.8kV 及 15.75kV 时，按 10kV 级标准；18kV 时，按 20kV 级标准；分级绝缘变压器仍按被试绕组电压等级的标准。 （3）泄漏电流值不宜超过下表规定：	旁站见证/资料检查/现场抽检

序号 65 对应试验电压标准表：

绕组额定电压（kV）	6~10	20~35	63~330	500
直流试验电压（kV）	10	20	40	60

序号	验收项目	验收标准										检查方式
65	绕组连同套管的泄漏电流测量	额定电压（kV）	试验电压峰值（kV）	在下列温度时的绕组泄漏电流值（μA）								旁站见证/资料检查/现场抽检
				10	20	30	40	50	60	70	80	
		2～3	5	11	17	25	39	55	83	125	178	
		6～15	10	22	33	50	77	112	166	250	356	
		20～35	20	33	50	74	111	167	250	400	570	
		63～330	40	33	50	74	111	167	250	400	570	
		500	60	20	30	45	67	100	150	235	330	
66	套管绝缘电阻	主绝缘对地绝缘电阻不小于10000MΩ、末屏对地绝缘电阻不小于1000MΩ										旁站见证/资料检查/现场抽检
67	绕组连同套管的介质损耗、电容量测量	（1）被测绕组的$\tan\delta$值不宜大于产品出厂试验值的130%，当大于130%时，可结合其他绝缘试验结果综合分析判断。 （2）换算至同一温度进行比较；20℃时介质损耗因数要求 330kV 及以上：$\tan\delta \leqslant 0.5\%$；110（66）～220kV：$\tan\delta \leqslant 0.8\%$；35kV 及以下 $\leqslant 1.5\%$。 （3）绕组电容量与出厂试验值相比差值在±5%范围内										旁站见证/资料检查/现场抽检
68	套管中的电流互感器试验	（1）各绕组比差和角差应与出厂试验结果相符。 （2）校核工频下的励磁特性，应满足继电保护要求，与制造厂提供的励磁特性应无明显差别。 （3）各二次绕组间及其对外壳的绝缘电阻不宜低于1000MΩ；端子箱内 TA 二次回路绝缘电阻大于 1MΩ。 （4）二次端子极性与接线应与铭牌标志相符。 （5）电流互感器变比、直流电阻试验合格										旁站见证/资料检查/现场抽检

序号	验收项目	验收标准	检查方式
69	非纯瓷套管的试验	（1）电容型套管的介质损耗与出厂值相比无明显变化，电容量与产品铭牌数值或出厂试验值相比差值在±5%范围内。 （2）介质损耗因数符合330kV及以上：tanδ≤0.5%；其他油浸纸：tanδ≤0.7%；胶浸纸：≤0.7%	旁站见证/资料检查/现场抽检
70	绕组连同套管的直流电阻测量	测量应在各分接头的所有位置进行，在同一温度下： （1）1600kVA及以下容量等级三相变压器，各相测得值的相互差应小于平均值的4%，线间测得值的相互差应小于平均值的2%。 （2）1600kVA及以上三相变压器，各相测得值的相互差应小于平均值的2%，线间测得值的相互差应小于平均值的1%。 （3）与出厂实测值比较，变化不应大于2%	旁站见证/资料检查/现场抽检
71	有载调压切换装置的检查和试验	应进行有载调压切换装置切换特性试验，检查全部动作顺序，过渡电阻阻值、三相同步偏差、切换时间等符合厂家技术要求	旁站见证/资料检查/现场抽检
72	所有分接位置的电压比检查	额定分接头电压比误差不大于±0.5%，其他电压分接比误差不大于±1%，与制造厂铭牌数据相比应无明显差别	旁站见证/资料检查/现场抽检
73	三相接线组别和单相变压器引出线的极性检查	接线组别和极性与铭牌一致	旁站见证/资料检查/现场抽检
74	绕组连同套管的交流耐压试验	外施交流电压按出厂值80%进行	旁站见证/资料检查
75	绕组连同套管的长时感应电压试验带局部放电试验	（1）110kV及以上变压器必须进行现场局部放电，按照《电力变压器 第3部分：绝缘水平、绝缘试验和外绝缘空气间隙》（GB/T 1094.3）规定进行。 （2）对于新投运油浸式变压器，要求$1.5U_\mathrm{m}/\sqrt{3}$电压下，220～750kV变压器局放量不大于100pC。 （3）1000kV特高压变压器测量电压为$1.3U_\mathrm{m}/\sqrt{3}$，主体变压器高压绕组不大于100pC，中压绕组不大于200pC，低压绕组不大于300pC；调压补偿变压器110kV端子不大于300pC。 （4）对于有运行史的220kV及以上油浸式变压器，要求$1.3U_\mathrm{m}/\sqrt{3}$电压下，局部放电量一般不大于300pC	旁站见证

序号	验收项目	验收标准	检查方式
		十六、资料及文件验收	
76	订货合同、技术协议	资料齐全	资料检查
77	安装使用说明书,图纸等技术文件	资料齐全	资料检查
78	重要附件的说明书、工厂检验报告和出厂试验报告	套管、分接开关、气体继电器、压力释放阀等重要附件资料齐全	资料检查
79	抗短路能力动态计算报告(或突发短路型式试验报告)	资料齐全,数据合格	资料检查
80	变压器整体出厂试验报告	资料齐全,数据合格	资料检查
81	工厂监造报告	资料齐全	资料检查
82	三维冲击记录仪记录纸和押运记录	各项记录齐全、数据合格	资料检查
83	安装检查及安装过程记录	记录齐全,数据合格	资料检查
84	安装质量检验及评定报告	资料齐全	资料检查
85	安装过程中设备缺陷通知单、设备缺陷处理记录	记录齐全	资料检查
86	交接试验报告	项目齐全,数据合格	资料检查

2.10　启动送电前检查清单

启动送电前检查清单见表2-9。

表2-9　　　　　　　　　　　　　　　启动送电前检查清单

序号	检查项目	检查结论	责任主体
1	本体阀门：本体至油枕阀门、油枕至呼吸器阀门通畅、本体至散热器阀门均处于打开位置；瓦斯两侧阀门常开		设备厂家、施工单位、运检单位、监理单位、业主单位
2	本体放气：打开放气口，将本体内气体排出		设备厂家、施工单位、运检单位、监理单位、业主单位
3	套管油位、油枕油位：视窗可视为油位居中以上		设备厂家、施工单位、运检单位、监理单位、业主单位
4	呼吸器检查：呼吸器内硅胶颜色正常（1号白色，2号4号橘黄色），可见呼吸		设备厂家、施工单位、运检单位、监理单位、业主单位
5	油温表及绕组温度计：温度显示正确		设备厂家、施工单位、运检单位、监理单位、业主单位
6	油色谱在线装置：外观清洁，无漏油痕迹，阀门在开启位置		设备厂家、施工单位、运检单位、监理单位、业主单位
7	铁芯夹件接地：铁芯夹件接地螺丝紧固，接地良好		设备厂家、施工单位、运检单位、监理单位、业主单位
8	充氮灭火检查：是否按运行要求开启/关闭阀门		设备厂家、施工单位、运检单位、监理单位、业主单位
9	主变压器（高压电抗器）套管末屏检查：接地良好或末屏盖紧固		设备厂家、施工单位、运检单位、监理单位、业主单位

序号	检查项目	检查结论	责任主体
10	分接开关检查：按定值调好档位后进行直流电阻测试		设备厂家、施工单位、运检单位、监理单位、业主单位
11	主变压器（高压电抗器）区试验遗留物：铁丝等遗物是否已清理		设备厂家、施工单位、运检单位、监理单位、业主单位
12	后台监控无主变压器（高压电抗器）异常信号		设备厂家、施工单位、运检单位、监理单位、业主单位
13	一体化在线监测运行情况［主变压器（高压电抗器）油色谱监测等］		设备厂家、施工单位、运检单位、监理单位、业主单位
14	故障录波定值整定正确，并与运行校对完成		设备厂家、施工单位、运检单位、监理单位、业主单位
15	TA 直阻、绝缘、接地、连片检查		设备厂家、施工单位、运检单位、监理单位、业主单位
16	TV 绝缘、接地、连片检查（二次不短路）		设备厂家、施工单位、运检单位、监理单位、业主单位
17	主变压器（高压电抗器）区检修箱、端子箱温控器、加热器、空调正常		设备厂家、施工单位、运检单位、监理单位、业主单位
18	一次通流试验完成，试验数据正确		设备厂家、施工单位、运检单位、监理单位、业主单位
19	一次通压试验完成，核相正确		设备厂家、施工单位、运检单位、监理单位、业主单位

3 二次屏柜安装

3.1 二次屏柜安装流程图

二次屏柜安装工艺流程图如图 3-1 所示。

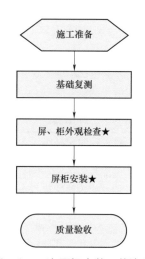

图 3-1 二次屏柜安装工艺流程图

3.2 安装准备清单

安装准备清单见表3-1。

表3-1   安 装 准 备 清 单

序号	类型	要求
1	人员	（1）安装单位组织管理人员、技术人员、施工人员及制造厂人员到位并熟悉现场及设备情况。 （2）相关人员上岗前，应根据设备的安装特点由制造厂向安装单位进行产品技术要求交底；安装单位对作业人员进行专业培训及安全技术交底。 （3）制造厂人员应服从现场各项管理制度，制造厂人员进场前应将人员名单及负责人信息报监理备案。 （4）特殊工种作业人员应持证上岗
2	机具	（1）施工机械进场就位，小型工器具配备齐全、状态良好，测量仪器检定合格。电动工具检测合格，电源线为软橡胶电缆，且带有 PE 线芯。 （2）起重机械证件齐全、安全装置完好，并完成报审。 （3）安全工器具数量、种类满足使用需求，检验合格，标识齐全，在有效期内
3	材料	（1）对于施工单位采购的原材料和设备，施工项目部在进行主要材料或构配件、设备采购前，应将拟采购供货的生产厂家的资质证明文件报监理项目部审查，并按合同要求报业主项目部批准。 （2）消耗性材料应准备齐全，存放于仓库，满足施工需要；同时消耗性材料应有供货商资质、厂家资质、产品合格证及相关检验报告。 （3）施工项目部应在主要材料或构配件、设备进场后，将有关质量证明文件报监理项目部审查
4	施工方案	"二次安装施工方案"编审批完成，并对参与安装作业的全体施工人员进行安全技术交底。作业人员应被告知其作业现场和工作岗位存在的危险因素、防范措施及事故应急措施
5	施工环境	土建及装饰装修工作基本完成，满足作业条件
6	设计图纸	相关施工图纸已完成图纸会审，并对参与安装作业的全体施工人员进行安全技术交底。作业人员应被告知其作业现场和工作岗位存在的危险因素、防范措施及事故应急措施

序号	类型	要求
7	施工单位与厂家职责分工	（1）施工职责： 1）负责施工现场的整体组织和协调，确保现场的整体安全、质量和进度有序。 2）负责现场的安全保卫工作，负责现场已接收物资材料的保管工作。 3）负责现场的安全文明施工，负责安全围栏、警示图牌等设施的布置和维护，负责现场作业环境的清洁卫生工作，做到"工完料尽场地清"。 （2）厂家职责： 1）应遵守国家电网公司及现场的各项安全管理规定，在现场工作着统一工装并正确佩戴安全帽。 2）现场服务人员必须是从事制造、安装且经验丰富的人员。入场时，制造厂向安装单位提供现场人员组织机构图，并向现场出具相关委托函及人员资质证明，便于联络和管理。 3）保证到货为出厂合格产品，并符合国网公司电力工程验收规范中各项要求。 4）提供厂家资质证书、产品合格证、检验报告等有效文件

3.3 安装质量控制要点清单

安装质量控制要点清单见表 3-2。

表 3-2 安装质量控制要点清单

序号	关键工序验收项目		质量要求	检查方式	备注
1	到货验收	技术资料	（1）盘、柜到货验收。 1）包装及密封应良好。 2）开箱检查铭牌、型号、规格应符合要求，设备应无损伤，附件、备件应齐全。 3）产品的技术文件应齐全。 （2）盘、柜内二次回路接线验收。尤其注意对设备端子排进行验收，每个接线端子每侧接线应为 1 根	现场检查 资料检查	

序号	关键工序 验收项目		质量要求	检查方式	备注
2	屏柜就位、固定	质量要求	（1）屏柜进入户内应采取适当防护措施实施对门、窗和地面等成品进行保护。户内运输采用液压铲车或专用小车等机械。屏柜调整工作首先将成列屏柜中间的一块屏调整好，再分别向两侧拼装，也可以从一头开始，先精确调整好第一块，再以第一块为标准，逐次调整以后各块。一般用增减垫片的厚度进行调整，两相邻屏间无明显缝隙，使该列屏柜成一整体，做到横平竖直，屏面整齐。还应注意两列相对排列的屏的位置对应。 （2）户内屏柜固定应采用在基础型钢上钻孔后螺栓固定，不得使用点焊的方式。户外端子箱基础上如无预埋型钢可采用内胀式膨胀螺栓固定。屏柜找平找正方法使用垂线找正法，垂线找正法是利用线垂来检测设备垂直度的常用方法。线垂一般是铜或铁制的圆锥体，其重量在 0.1～0.5kg。用板尺或合尺上下测量数据，误差控制在不大于 1mm。固定的方法采用螺栓固定法，此法还分两种形式：其一适用于槽钢面向外立放的基础，利用预先在槽钢上开好的稍大于螺栓直径的螺丝孔套以螺栓将屏、柜予以固定，另一种适用于槽钢平放的基础型钢，临时在槽钢上钻一个小于固定螺栓直径的孔，然后再攻丝，最后拧入螺栓予以固定。连接和固定屏、柜所用的紧固件均应镀锌。此外，安装在振动场所的屏、柜应采取防振措施。固定好的屏、柜均应有可靠良好接地，装有电器可开启门的，应以裸铜软线与接地的金属构件可靠连接。紧固件应经热镀锌防腐处理。 （3）相邻屏柜间连接螺栓和柜底螺栓紧固力矩应符合规范要求，所有安装螺栓紧固可靠。 （4）屏、柜面平整，附件齐全，门销开闭灵活，照明装置完好，屏、柜前后标识齐全、清晰。 （5）屏、柜体垂直度误差＜1.5mm/ m，相邻两柜顶部水平误差＜2mm，成列柜顶部水平误差＜5mm；相邻两柜屏面误差＜1mm，成列柜面屏面误差＜5mm，相间接缝误差＜2mm		

3.4 标 准 工 艺 清 单

标准工艺清单见表 3-3。

表 3-3

标 准 工 艺 清 单

序号	工艺标准	图例
1	基础型钢允许偏差：不直度＜1mm/m，全长不直度＜5mm；不平度＜1mm/m，全长不平度＜5mm；位置偏差及不平行度全长＜5mm。 　　基础型钢顶部宜高出最终地面 10～20mm；基础型钢应与主接地网有明显且不少于两点的可靠连接，接地标识清晰	
2	安装完成的屏、柜垂直度误差＜1.5mm/m，相邻两柜顶部水平度误差＜2mm，成列柜顶部水平度误差＜5mm；相邻两柜盘面误差＜1mm，成列盘面误差＜5mm，盘间接缝误差＜2mm	

序号	工艺标准	图例
3	屏、柜体底座与基础连接牢固，导通良好，可开启屏门应采用不小于 4mm² 多股软铜导线可靠跨接。 　　屏、柜面平整，附件齐全，门锁开闭灵活，照明完好，屏、柜前后标识齐全、清晰。屏、柜的漆层应完整、无损伤；所有屏柜外壳的尺寸、颜色应统一	
4	屏顶小母线应设置防护措施，屏顶引下芯线在屏顶穿孔处应有胶套保护	
5	屏、柜内母线或屏顶小母线的相间及对地距离符合规范要求	

3.5　质量通病防治措施清单

质量通病防治措施清单见表 3-4。

表 3-4　　　　　　　　　　　　　　　　质量通病防治措施清单

序号	质量通病	防治措施	图例
1	（1）基础几何尺寸偏差过大，各基础不顺直。 （2）基础表面不光滑，振捣不密实，倒角不顺直	1）复核检查，建筑工程与建筑电气安装有关建筑物，混凝土强度、预埋件、预留洞孔、位置是否正确，标高尺寸是否符合要求。 2）施工技术文件满足施工要求，有关的施工规范、规程、标准和标准图集应齐备。 3）基础槽钢允许偏差：不直度<1mm/m，全长<5mm；水平<1mm/m，全长<5mm；位置误差及不平行度<5mm	
2	（1）箱门无接地线或接地线不合格。 （2）箱体密封不严，有漏水、小动物爬入等隐患。 （3）箱体接地板焊接不规范。 （4）箱体有碰损，表面坑洼，有锈蚀	1）屏、柜体底座与基础连接牢固，导通良好，可开启屏门应采用不小于 4mm² 多股软铜导线可靠跨接。 2）屏、柜面平整，附件齐全，门锁开闭灵活，照明完好，屏、柜前后标识齐全、清晰。 3）屏、柜的漆层应完整、无损伤；所有屏柜外壳的尺寸、颜色应统一	
3	（1）固定用膨胀螺栓或预埋螺栓锈蚀。 （2）箱体水平、垂直度误差过大。 （3）接地不规范。 （4）箱体碰损，内部元器件碰损	1）基础型钢允许偏差：不直度<1mm/m，全长不直度<5mm；不平度<1mm/m，全长不平度<5mm；位置偏差及不平行度全长<5mm。 2）基础型钢顶部宜高出最终地面 10~20mm；基础型钢应与主接地网有明显且不少于两点的可靠连接，接地标识清晰。 3）安装完成的屏、柜垂直度误差<1.5mm/m，相邻两柜顶部水平度误差<2mm，成列柜顶部水平度误差<5mm；相邻两柜盘面误差<1mm，成列盘面误差<5mm，盘间接缝误差<2mm	

序号	质量通病	防治措施	图例
	（1）接地扁钢焊接时搭接面积不满足规范要求。 （2）接地铜排未烫锡或者烫锡工艺差。 （3）固定螺栓不规范	按照《电气装置安装工程 接地装置施工及验收规范》（GB 50169—2016）第 4.2.10 条规定，电缆金属保护管（槽盒）应接地明显、可靠	
4	（4）汇控柜、智能控制柜内接地铜排未直接接地，接地铜缆截面积小于120mm²	按照《国家电网有限公司十八项电网重大反事故措施（2018 年修订版）及编制说明》第 15.6.2.6 条要求，为防止地网中的大电流流经电缆屏蔽层，应在开关场二次电缆沟道内沿二次电缆敷设截面积不小于 100mm² 的专用铜排（缆）；专用铜排（缆）的一端在开关场的每个就地端子箱处与主地网相连，另一端在保护室的电缆沟道入口处与主地网相连，铜排不要求与电缆支架绝缘；第 15.6.2.7 条要求，接有二次电缆的开关场就地端子箱内（汇控柜、智能控制柜）应设有铜排（不要求与端子箱外壳绝缘），二次电缆屏蔽层、保护装置及辅助装置接地端子、屏柜本体通过铜排接地。铜排截面积应不小于 100mm²，一般设置在端子箱下部，通过截面积不小于 100mm² 的铜缆与电缆沟内不小于的 100mm² 的专用铜排（缆）及变电站主地网相连。因国家标准无 100mm² 铜缆，向上选取 120mm² 铜缆以满足要求	

序号	质量通病	防治措施	图例
4	（5）端子箱内加热器与线缆距离小于 80mm，或加热的接线端子在加热器上方，或加热除湿元件的电源线未使用耐热绝缘导线	依据《智能变电站施工技术规范》（DL/T 5740—2016）第 5.1.3 条，"加热除湿元件应安装在二次设备盘（柜）下部，且与盘（柜）内其他电气元件和二次线缆的距离不宜小于 80mm，若距离无法满足要求，应增加热隔离措施。加热除湿元件的电源线应使用耐热绝缘导线"。《国家电网公司输变电工程标准工艺（三） 工艺标准库（2016 年版）》端子箱安装（0102040102），"加热器与元器件、电缆应保持大于 50mm 距离，加热器的接线端子应在加热器下方"。 措施：加热器与元器件、电缆应保持大于 80mm 距离，若距离无法满足要求，应增加热隔离措施。加热器的电源应使用耐热绝缘导线。加热器的接线端子应在加热器下方	

序号	质量通病	防治措施	图例
4	（6）保护屏、端子箱等盘、柜内防火封堵工艺不良，封堵不严密	按照《电气装置安装工程　电缆线路施工及验收标准》（GB 50168—2018）第 8.0.8 条规定，电缆孔洞封堵应严实可靠，不应有明显的裂缝和可见的孔隙，堵体表面平整，孔洞较大者应加耐火衬板后再进行封堵。有机防火堵料封堵不应有透光、漏风、龟裂、脱落、硬化现象；无机防火堵料封堵不应有粉化、开裂等缺陷	

3.6 强制性条文清单

强制性条文清单见表3-5。

表3-5 强制性条文清单

规程名	条款号	强制性条文
GB 50254—2014《电气装置安装工程 低压电器施工及验收规范》	3.0.16	需要接地的电器金属外壳、框架必须可靠接地
GB 50171—2012《电气装置安装工程 盘、柜及二次回路接线施工及验收规范》	4.0.6	成套柜的安装应符合下列规定： 1 机械闭锁、电气闭锁应动作准确、可靠
	4.0.8	手车式柜的安装应符合下列规定： 1 机械闭锁、电气闭锁应动作准确、可靠
	7.0.2	成套柜的接地母线应与主接地网连接可靠

3.7 十八项电网重大反事故措施清单

十八项电网重大反事故措施清单见表3-6。

表 3-6 　　　　　　　　　　十八项电网重大反事故措施清单

序号	条款号	条款内容
1	5.2.2.1	新建变电站交流系统在投运前，应完成断路器上下级级差配合试验，核对熔断器级差参数，合格后方可投运
2	5.2.2.3	站用交流电源系统的母线安装在一个柜架单元内，主母线与其他元件之间的导体布置应采取避免相间或相对地短路的措施，配电屏间禁止使用裸导体进行连接，母线应有绝缘护套
3	5.3.1.10	变电站内端子箱、机构箱、智能控制柜、汇控柜等屏柜内的交直流接线，不应接在同一段端子排上
4	5.3.1.12	220kV 及以上电压等级的新建变电站通信电源应双重化配置，满足"双设备、双路由、双电源"的要求
5	5.3.1.13	直流断路器不能满足上、下级保护配合要求时，应选用带短路短延时保护特性的直流断路器
6	15.6.2.3	微机保护和控制装置的屏柜下部应设有截面积不小于 $100mm^2$ 的铜排（不要求与保护屏绝缘），屏柜内所有装置、电缆屏蔽层、屏柜门体的接地端应用截面积不小于 $4mm^2$ 的多股铜线与其相连，铜排应用截面不小于 $50mm^2$ 的铜缆接至保护室内的等电位接地网
7	15.6.2.7	接有二次电缆的开关场就地端子箱内（汇控柜、智能控制柜）应设有铜排（不要求与端子箱外壳绝缘），二次电缆屏蔽层、保护装置及辅助装置接地端子、屏柜本体通过铜排接地。铜排截面积应不小于 $100mm^2$，一般设置在端子箱下部，通过截面积不小于 $100mm^2$ 的铜缆与电缆沟内不小于的 $100mm^2$ 的专用铜排（缆）及变电站主地网相连
8	15.7.2.2	智能控制柜应具备温度湿度调节功能，附装空调、加热器或其他控温设备，柜内湿度应保持在 90%以下，柜内温度应保持在 +5℃～+55℃之间

3.8　安全管控风险点及控制措施

安全管控风险点及控制措施见表 3-7。

表3-7 安全管控风险点及控制措施

序号	安全管控风险点及控制措施
1	起重伤害：卸车时注意设备、人身安全，屏柜就位前，作业人员应将作业现场所有孔洞盖严，避免人员摔伤
2	物体打击：屏柜就位拆箱时，作业人员应相互照应，特别是在拆较高大包装箱时，应有可靠措施防止包装板突然倒塌伤人。拆箱过程中，应注意保护屏柜玻璃门，避免玻璃破碎伤人
3	机械伤害：屏柜拼接过程，作业人员可使用撬杠做小距离的移动，但应特别注意，手不要扶在对接处，避免将手挤伤。使用撬杠时，不要用力过猛，防止滑杠伤人及碰撞设备
4	触电：电动工器具严格遵守"一机一闸一保护"

3.9 验 收 标 准 清 单

验收标准清单见表3-8。

表3-8 验 收 标 准 清 单

序号	验收项目	验收标准	检查方式
1	屏柜结构	（1）柜体应设有保护接地，接地处应有防锈措施和明显标志。门应开闭灵活，开启角不小于90°，门锁可靠。 （2）紧固连接应牢固、可靠，所有紧固件均具有防腐镀层或涂层，紧固连接应有防松动措施。 （3）元件和端子应排列整齐、层次分明、不重叠，便于维护拆装。 （4）屏柜所使用的材料机械强度、防腐蚀性、热稳定、绝缘及耐着火性能等均通过型式试验验证。 （5）各厂家屏柜的色标一致。 （6）屏、柜安装前，检查外观面漆无明显剐蹭痕迹，外壳无变形，屏、柜面和门把手完好，内部电气元件固定无松动。 （7）保护跳闸、合闸出口连接片与失灵回路相关连片采用红色，功能连片采用黄色，连接片底座及其他连接片采用浅驼色	现场检查

序号	验收项目	验收标准	检查方式
2	开关元器件	（1）柜内安装的元器件均应有产品合格证或证明质量合格的文件，且同类元器件的接插件应具有通用性和互换性。 （2）发热元件宜安装在散热良好的地方，两个发热元件之间的连线应采用耐热导线。 （3）导线、导线颜色、指示灯、按钮、行线槽等标志清晰。 （4）正面及背面各电器、端子排等应标明编号、名称、用途及操作位置，且字迹应清晰、工整，不易脱色	现场检查
3	接线检查	（1）接线规范、美观，二次线必须穿有清晰的标号牌，清楚注明二次线的对侧端子排号及二次回路号；端子箱接线布置规范，电缆芯外露不大于 5mm，无短路接地隐患。 （2）端子排正、负电源之间以及正电源与分、合闸回路之间，宜以空端子或绝缘隔板隔开。 （3）二次电缆备用芯线头应进行单根绝缘包扎处理，严禁成捆绝缘包扎处理，低压交流电缆相序标志清楚。 （4）每个接线端子不得超过一根接线，不同截面芯线不得接在同一个接线端子上。 （5）智能柜内的光纤应完好、弯曲度应符合设计要求；柜内温、湿度信号应上传至后台或远方，并显示正确。 （6）屏柜内电流回路配线截面不小于 2.5mm²。 （7）回路电压超过 380V 的端子排应有足够的绝缘并涂以红色表示。 （8）电流回路应经过试验端子，试验端子接触良好。 （9）潮湿环境以采用防潮端子。 （10）接线端子应与导线的截面积匹配，不得使用小端子配大截面的导线。 （11）交流回路与直流回路电缆在端子箱、保护屏等入屏处应分别绑扎，在箱体内应走不同的线槽（《国家电网公司继电保护专业精益化管理评价规范》中 2.6.6）。	现场检查

序号	验收项目	验收标准	检查方式
3	接线检查	（12）二次屏柜内端子排原则上不允许横向排列，若空间不足可以横向排列，电压、电流端子排禁止采用横向排列。 （13）端子排安装检查离地高度≥350mm。 （14）严格施工工艺控制，设计合理走线路径，保证光纤走线顺畅，弯曲半径符合产品技术要求或者不小于 10mm，不存在挤压、卡阻现象；光纤施工可创新采用多层卡扣式理线盒进行固定顺直工作，层次分明，使网线布设更加美观。 （15）多股芯线应压接插入式铜端子或搪锡后接入端子排	现场检查
4	母线安装	（1）屏柜电击防护是否按设计要求采用电气隔离和全绝缘防护、柜内裸露的导体应加装阻燃的绝缘热缩护套。 （2）支持母线的金属构件、螺栓等均应镀锌，母线安装时接触面应保持洁净，螺栓紧固后接触面紧密，各螺栓受力均匀。 （3）屏顶小母线应设置防护措施，屏顶引下线在屏顶穿孔处有胶套或绝缘保护。 （4）小母线的电器间隙为不小于 12mm，爬电距离不小于 20mm	现场检查
5	空气开关检查	（1）端子箱二次空气开关位置正确、标志清晰、布局合理、固定牢固，外观无异常，应满足运行、维护要求。 （2）级差配合试验检查合格，符合要求。 （3）敞开式设备同一间隔多台隔离开关电机电源，在端子箱内必须分别设置独立的开断设备。 （4）各厂家提供的末级直流空开采用 B 型脱扣器直流断路器，严禁采用交直流两用断路器	现场检查

序号	验收项目	验收标准	检查方式
6	电气间隙爬电距离间隔距的检查	柜内两带电导体之间、带电导体与裸露的不带电导体之间的最小的电气间隙和爬电距离，均应符合下表的规定。 表如下 注：小线汇流排或不同极的裸露带电的导体之间，以及裸露带电导体与未绝缘的不带电导体之间的电气间隙不小于 12mm，爬电距离不小于 20mm。	现场检查
7	反措检查	（1）现场端子排不应交、直流混装，现场机构箱内应避免交、直流接线出现在同一段或串端子排上。 （2）接地符合规范要求，端子箱内设一根 $100mm^2$ 不绝缘铜排，电缆屏蔽、箱体接地均接在铜排上，且接地线应不小于 $4mm^2$，而铜排与主铜网连接线不小于 $100mm^2$，箱门、箱体间接地连线完好且接地线截面不小于 $4mm^2$。 （3）直流回路严禁使用交流快分开关，禁止使用交、直流两用快分开关	现场检查
8	切换开关及分合闸按钮检查	（1）外观标志清晰、位置切换正确，分合闸开关应使用切换开关，不得使用按钮。 （2）有电动控制时，应具备"远方""就地"操作方式，并有相应的切换开关	现场检查

序号 6 验收标准中的表格：

额定工作电压 U_i（V）	额定电流≤63A		额定电流＞63A	
	电气间隙（mm）	爬电距离（mm）	电气间隙（mm）	爬电距离（mm）
60＜U_i≤300	5.0	6.0	6.0	8.0
300＜U_i≤600	8.0	12.0	10.0	12.0

序号	验收项目	验收标准	检查方式
9	二次元件检查	（1）端子箱内二次元件完整、齐全、接线正确，无异常放电等声响，形变及发热现象。 （2）屏柜的电器质量应良好。 （3）电器单独拆装更换不应影响其他电器及导线束的固定。 （4）发热元件宜安装在散热良好的地方，之间应采用耐热的导线。 （5）熔断器的规格断路器的参数应符合设计的极配要求，端子排应无损坏，固定应牢固，绝缘应良好	现场检查
10	绝缘检查	（1）按照 GB 50150 二次接线用 1000V 绝缘电阻表测量，要求大于 10MΩ。 （2）柜内母线（如有）对地绝缘可靠，母线无裸露导体。 （3）柜内端子排绝缘完好，接线端子及螺栓无锈蚀	现场检查
11	柜内照明检查（有照明时）	箱内照明完好，柜门启动或箱内启动照明功能正常	现场检查
12	接地检查	（1）屏柜内应分别设置接地母线和等电位屏蔽母线，并有厂家制作接地标识。 （2）电缆较多的屏柜接地母线长度接地螺栓孔宜适当增加以保证一个接地螺栓安装不超过 2 个接地线鼻子的要求。 （3）所有专用接地线截面积应不小于 $4mm^2$。 （4）盘柜底部的专用接地铜排离底部不小于 50mm，便于封堵。 （5）屏柜底座与槽钢连接可靠，可开启的门用软铜线可靠接地，前后门及边门应采用不小于 $4mm^2$ 多股软线可靠接地。 （6）静态保护和控制装置的屏柜下部应设有截面积不小于 $100mm^2$ 的接地铜排，屏柜上的接地端子应截面积不小于 $4mm^2$ 的多股铜线和接地铜排相连，接地铜排应用截面不小于 $50mm^2$ 的铜缆与保护室内的等电位地网相连。 （7）所有安装在屏柜上的装置或其他有接地要求的电器，其外壳应可靠接地。 （8）屏柜的接地母线应与主接地网连接可靠。 （9）屏柜基础型钢应有明显且不少于两点的可靠接地	现场检查

序号	验收项目	验收标准	检查方式
13	端子箱箱体检查	（1）设备出厂铭牌齐全、清晰可识别，箱体、箱门应采用不锈钢或铸铝，不锈钢标号不应低于 304，正门应具有限位功能。 （2）端子箱采用点胶的防水密封技术，针对室内端子箱确保防水密封寿命大于 15 年的 IP44 的防水防尘。 （3）箱门和箱体结合面压力应均匀，密封良好，应能防风沙、防腐、防潮。 （4）端子箱、动力箱前、后箱门各设把手及碰锁，开启和关闭箱门后，箱门应保持平整不变。 （5）应有明显的一次接地端子及接地标志，接地接触面不小于一次设备接地规程要求。 （6）柜门应卷出排水槽，顶上采用屋檐式结构，以防止雨水存积。 （7）外观完好，无锈蚀、变形等缺陷，规格符合设计要求，且厚度≥2mm。 （8）端子箱不锈钢材质宜为 Mn 含量不大于 2%的奥氏体型不锈钢或铝合金，且厚度不应小于 2mm。 （9）端子箱加热元件应是非暴露型的。 （10）端子箱应有箱体升高座满足下有通风口上有排气孔，动力电缆与控制电缆之间有防护隔板，端子箱内应采用不锈钢或热镀锌螺栓。 （11）箱柜底座框架接地可靠。 （12）装有电气可开启屏门的接地用≥4mm² 软铜导线可靠跨接。 （13）空调安装牢固，运转正常。 （14）检修电源箱内应有交流回路典型示意图，明确空气开关及插座接线布置，级差配置。 （15）端子箱、户外接线盒和户外柜应封闭良好，应有防水、防潮、防尘、防小动物进入和防止风吹开箱门的措施。 （16）端子箱内裸露金属外壳、横梁应做钝化处理或者相应隔离措施，防止线芯绑扎后易磨损线芯导致交直流接地。 （17）检修电源箱门侧面应留有临时电源接入穿孔，并配有绝缘护套及防尘措施（《国家电网公司变电验收通用管理规定 第 21 分册 端子箱及检修电源箱验收细则》），盘柜内带电母线应有防止触及的隔离防护装置[《电气装置安装工程 盘、柜及二次回路接线施工及验收规范》（GB 50171—2012）中 5.0.7 条]。	现场检查

序号	验收项目	验收标准	检查方式
13	端子箱箱体检查	（18）端子箱内电压接线端子相间应有空端子或绝缘隔片［国家电网调〔2015〕593号《国家电网公司继电保护专业精益化管理评价规范（试行）》中1.1.4条，端子排相邻相电流电压端子间有隔离措施］。 （19）发热元件宜安装在散热良好的地方，两个发热元件之间的连线应采用耐热导线。 （20）导线束不宜直接紧贴金属结构件敷设，穿越金属构件时应有保护导线绝缘不受损伤的措施。智能控制柜内跨接软线紧贴金属构件［《继电保护及二次回路安装及验收规范》（GB/T 50976—2014）中4.4.3.3条］	现场检查
14	密封检查	（1）密封良好，内部无进水、受潮、锈蚀现象。 （2）端子箱内电缆孔洞应用防火堵料封堵，必要时用防火板等绝缘材料封堵后再用防火堵料封堵严密，以防止发生堵料塌陷。 （3）通风口无异物，通风完好	现场检查
15	接线检查	（1）接线规范、美观，二次线必须穿有清晰的标号牌，清楚注明二次线的对侧端子排号及二次回路号；电缆牌内容正确、规范，悬挂准确、整齐，清楚注明二次电缆的型号、两侧所接位置；与设计图纸相符，箱内元器件标签齐全、命名正确。 （2）端子箱接线布置规范，电缆芯外露不大于5mm，无短路接地隐患。 （3）端子排正、负电源之间以及正电源与分、合闸回路之间，宜以空端子或绝缘隔板隔开。 （4）二次电缆备用芯线头应进行单根绝缘包扎处理，严禁成捆绝缘包扎处理，低压交流电缆相序标志清楚。 （5）每个接线端子不得超过1根接线，不同截面芯线不得接在同一个接线端子上。 （6）端子排有15%的余量备用端子。 （7）变电站内端子箱、机构箱、智能控制柜、汇控柜等屏柜内的交直流接线，不应接在同一段端子排上［国家电网设备〔2018〕979号《国家电网有限公司关于印发十八项电网重大反事故措施（修订版）的通知》中的5.3.1.10条］。 （8）交流回路与直流回路电缆在端子箱、保护屏等入屏处应分别绑扎，在箱体内应走不同的线槽（《国家电网公司继电保护专业精益化管理评价规范》中的2.6.6条）	现场检查

序号	验收项目	验收标准	检查方式
16	驱潮加热装置检查	（1）驱潮加热装置完备、运行良好，温度、湿度设定正确，按规定投退。加热器与各元件、槽盒、电缆及电线的距离应大于80mm。 （2）驱潮加热装置应配备专门的空气开关，防止与照明等空气开关共用。 （3）发热元件宜安装在散热良好的地方，两个发热元件之间的连线应采用耐热导线	现场检查
17	空气开关检查	（1）端子箱二次空气开关位置正确、标志清晰、布局合理、固定牢固，外观无异常，应满足运行、维护要求。 （2）级差配合试验检查合格，符合要求。 （3）敞开式设备同一间隔多台隔离开关电机电源，在端子箱内必须分别设置独立的空气开关	现场检查
18	安装检查	（1）按照GB 50171—2012中相关要求安装牢固，安装位置便于检查，成列安装时，排列整齐，端子箱应上锁。 （2）端子箱箱体接地，箱内二次接地良好，箱门与箱体连接良好，锁具完好	现场检查
19	反措检查	（1）现场端子排不应交、直流混装，现场机构箱内应避免交、直流接线出现在同一段或串端子排上。 （2）接地符合规范要求，端子箱内设一根100mm² 不绝缘铜排，电缆屏蔽、箱体接地均接在铜排上，且接地线应不小于4mm²，而铜排与主铜网连接线不小于100mm²，箱门、箱体间接地连线完好且接地线截面不小于4mm²。 （3）直流回路严禁使用交流快分开关、禁止使用交、直流两用快分开关。 （4）由开关场的变压器、断路器、隔离开关和电流、电压互感器等设备至开关场就地端子箱之间的二次电缆的屏蔽层在就地端子箱处单端使用截面面积不小于4mm² 多股铜质软导线可靠连接至等电位接地网的铜排上，在一次设备的接线盒（箱）处不接地	现场检查
20	切换开关及分合闸按钮检查	（1）检查外观标志清晰、位置切换正确，分合闸开关应使用切换开关，不得使用按钮。 （2）有电动控制时，应具备"远方""就地"操作方式，并有相应的切换开关，解锁钥匙唯一	现场检查
21	二次元件检查	端子箱内二次元件完整、齐全、接线正确，无异常放电等声响，无形变及发热现象	现场检查

序号	验收项目	验收标准	检查方式
22	绝缘检查	（1）按照 GB 50150 二次接线用 1000V 绝缘电阻表测量，要求大于 10MΩ。 （2）箱内母线（如有）对地绝缘可靠，母线无裸露导体。 （3）箱内端子排绝缘完好，接线端子及螺栓无锈蚀	现场检查
23	箱内照明检查 （有照明时）	箱内照明完好，箱门启动或箱内启动照明功能正常	现场检查
24	其他	（1）端子箱安装垂直差＜1.5mm/m。 （2）开关场的端子箱、汇控柜内的接地铜排应用截面积不小于 100mm² 的铜缆与电缆沟道内的等电位接地网相连（检修电源箱除外，其接地排与箱体相连即可），连接螺栓大小应适宜	现场检查

3.10　启动送电前检查清单

启动送电前检查清单见表 3－9。

表 3－9　　　　　　　　　　　　　启动送电前检查清单

序号	检查项目	检查结论	责任主体
1	试验线、接地线均应拆除		施工单位、运检单位、 监理单位、业主单位
2	二次接线螺栓紧固检查		施工单位、运检单位、 监理单位、业主单位
3	盘柜、端子箱接线恢复检查		施工单位、运检单位、 监理单位、业主单位

4 二次电缆敷设及接线

4.1 安 装 流 程 图

二次电缆敷设及接线安装工艺流程图如图 4-1 所示。

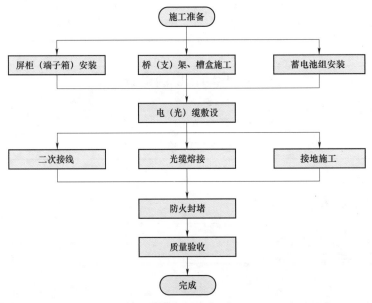

图 4-1 二次电缆敷设及接线安装工艺流程图

4.2 安装准备清单

安装准备清单见表4-1。

表4-1   安装准备清单

序号	类型	要求
1	人员	（1）安装单位组织管理人员、技术人员、施工人员及制造厂人员到位并熟悉现场及设备情况。 （2）相关人员上岗前，应根据设备的安装特点由制造厂向安装单位进行产品技术要求交底；安装单位对作业人员进行专业培训及安全技术交底。 （3）制造厂人员应服从现场各项管理制度，制造厂人员进场前应将人员名单及负责人信息报监理项目部备案。 （4）特殊工种作业人员应持证上岗
2	机具	（1）施工机械进场就位，小型工器具配备齐全、状态良好，测量仪器检定合格。 二次压钳完好，配套模具齐全；热风枪等电动工具检测合格，电源线为软橡胶电缆，且带有 PE 线芯；蓄电池充放电测试仪检测合格，且在有效期内。 （2）起重机械证件齐全、安全装置完好，并完成报审。 （3）安全工器具数量、种类满足使用需求，检验合格，标识齐全，在有效期内
3	材料	（1）对于施工单位采购的原材料和设备，施工项目部在进行主要材料或构配件、设备采购前，应将拟采购供货的生产厂家的资质证明文件报监理项目部审查，并按合同要求报业主项目部批准。 （2）消耗性材料应准备齐全，存放于仓库，满足施工需要；同时消耗性材料应有供货商资质、厂家资质、产品合格证及相关检验报告。 （3）施工项目部应在主要材料或构配件、设备进场后，将有关质量证明文件报监理项目部审查
4	施工方案	"二次安装施工方案"编审批完成，并对参与安装作业的全体施工人员进行安全技术交底。作业人员应被告知其作业现场和工作岗位存在的危险因素、防范措施及事故应急措施

序号	类型	要求
5	施工环境	（1）提前关注天气预报，根据天气情况进行施工部署。 （2）全站电缆沟施工完毕，电缆桥架和电缆支架安装完成，室内装饰、装修工作已结束，上述工作经验收合格
6	设计图纸	相关施工图纸已完成图纸会审，并对参与安装作业的全体施工人员进行安全技术交底。作业人员应被告知其作业现场和工作岗位存在的危险因素、防范措施及事故应急措施
7	施工单位与厂家职责分工	（1）施工职责。 1）负责施工现场的整体组织和协调，确保现场的整体安全、质量和进度有序。 2）负责现场的安全保卫工作，负责现场已接收物资材料的保管工作。 3）负责现场的安全文明施工，负责安全围栏、警示图牌等设施的布置和维护，负责现场作业环境的清洁卫生工作，做到"工完、料尽、场地清"。 （2）厂家职责。 1）应遵守国网公司及现场的各项安全管理规定，在现场工作着统一工装并正确佩戴安全帽。 2）现场服务人员必须是从事制造、安装且经验丰富的人员。入场时，制造厂向安装单位提供现场人员组织机构图，并向现场出具相关委托函及人员资质证明，便于联络和管理。 3）保证到货为出厂合格产品，并符合国家电网公司电力工程验收规范中各项要求。 4）提供厂家资质证书、产品合格证、检验报告等有效文件

4.3 安装质量控制要点清单

安装质量控制要点清单见表 4−2。

表4-2　　　　　　　　　　　　　　安装质量控制要点清单

序号	关键工序验收项目		质量要求	检查方式	备注
1	电缆及消耗性材料到货验收	技术资料	（1）每盘电缆都应附有产品质量验收合格证和出厂试验报告。 （2）电缆合格证书应标示出生产该电缆的绝缘挤出机的开机顺序号和绝缘挤出顺序号。 （3）同型号、同批次电缆均应有抽检试验报告	现场检查资料检查	
		外观检查	（1）电（光）缆及其附件到达现场后，应按下列要求及时进行检查： 1）产品的技术文件应齐全。 2）电（光）缆型号、规格、长度应符合订货要求，光缆应进行单盘测试（包括对光缆盘长、光纤衰减指标的测试），测试结果应满足厂家技术要求，并符合合同要求。 3）电缆外观不应受损，电缆封端应严密。当外观检查有怀疑时，应进行受潮判断或试验。 4）附件部件应齐全，材质质量应符合产品技术要求。 （2）电（光）缆及其有关材料存放应符合下列要求： 1）电（光）缆应集中分类存放，电缆应标明型号、电压、规格、长度，光缆应标明型号、规格、长度。电（光）缆盘之间应有通道。地基应坚实，当受条件限制时，盘下应加垫，存放处不得积水。 2）电（光）缆在保管期间，电（光）缆盘及包装应完好，标识应齐全，封端应严密。 3）电（光）缆附件应存放在干燥的仓库内	现场检查资料检查	
2	二次电缆敷设	电（光）缆走向预排版	（1）在电缆沟电缆沿支架敷设；经电缆沟道引出至端子箱、机构箱的电缆应该穿管敷设。交流单芯电力电缆单根穿管时，不得采用未分隔磁路的钢管。 （2）敷设顺序按照动力电缆—控制电缆—光缆—尾缆—网线的顺序敷设。	现场检查资料检查	

序号	关键工序验收项目		质量要求	检查方式	备注
2	二次电缆敷设	电（光）缆走向预排版	（3）同一通道不同电压等级的电缆，应按照电压等级的高低从下向上排列。 （4）35kV 电缆可以排列在同一支架上，380V 电力电缆可与强电控制信号电缆排列在同一支架上。主电源双回路电缆（站用变压器通往站用电屏的电缆、各电压等级配电装置环网电缆）和同一回路工作电源与备用电源电缆（直流充电机电缆、站用电屏通往通信屏的电缆、UPS 屏的电缆）应布置在不同支架层。 （5）电力电缆与控制电缆不配置在同一层支吊架上。 （6）控制电缆在普通支吊架上不超过 1 层，桥架上不超过 3 层；交流三芯电力电缆在普通支吊架上不超过 1 层，桥架上不超过 2 层；交流单芯电力电缆应布置在同侧支架上，并加以固定，当按紧贴正三角形排列时，应每隔一定距离用绑带扎牢，以免其松散。 （7）光缆敷设在光缆槽盒内，自光缆槽盒引出的部分需采用 PE 管保护。 （8）敷设电（光）缆前确认敷设路径避免或减少电（光）缆交叉。 （9）电（光）缆敷设本着先放长电（光）缆，再放短电（光）缆；先远后近的原则进行敷设。 （10）直流系统的电缆应采用阻燃电缆，两组蓄电池的电缆应分别铺设在各自独立的通道内，尽量避免与交流电缆并排铺设，在穿越电缆竖井时，两组蓄电池电缆应加穿金属套管。两路导引光缆，各自走不同沟道，避免导引光缆交叉	现场检查 资料检查	
		电缆管的加工及敷设	（1）电缆管不应有穿孔、裂缝和显著的凹凸不平，内壁应光滑；金属电缆管不应有严重锈蚀。硬质塑料管不得用在温度过高或过低的场所。在易受机械损伤的地方和在受力较大处直埋时，应采用足够强度和韧度的镀锌钢材。管口应无毛刺和尖锐棱角。	现场检查	

序号	关键工序 验收项目		质量要求	检查方式	备注
2	二次电缆 敷设	电缆管 的加工 及敷设	（2）电缆管在弯曲后，不应有裂缝和显著的凹瘪现象，其弯扁程度不宜大于管子外径10%；电缆管的弯曲半径不应小于所穿入电缆的最小允许弯曲半径。 （3）电缆管的内径与电缆外径比不得小于1.5倍。每根电缆管的弯头不应超过3个，直角弯不应超过2个。 （4）电缆管应安装牢固；电缆管支持点间的距离，当设计无规定时，不能超过3m。 （5）当塑料管的直线长度超过30m时，加装伸缩节；金属电缆管连接应牢固，密封应良好，两管口应对准。套接的短套管或带螺纹的接头的长度，不应小于电缆管外径的2.2倍。金属电缆管不能直接对焊。金属电缆管应与主接地网可靠连接；硬质塑料管在套接或插接时，其插入深度宜为管子内径的1.1～1.8倍。在插接面上应涂以胶合剂黏牢密封；采用套接时套管两端应封焊。 （6）引至设备的电缆管管口位置，应便于与设备连接并不妨碍设备拆装和进出，并列敷设的电缆管管口应排列整齐，钢管与地网可靠接地。 （7）电缆管的埋设深度不应小于0.7m；在人行道下面敷设时，不应小于0.5m。电缆管应有不小于0.1%的排水坡度。 （8）电缆管连接时，管孔应对准，接缝应严密，不得有地下水和泥浆渗入。 （9）电缆管应有防止下沉的措施。进入机构箱的电缆管，其埋入地下水平段下方的回填土必须夯实，避免因地面下沉造成电缆管受力，带动机构箱下沉	现场检查	
		电缆 敷设	（1）电缆敷设。 1）按照临时电缆标识敷设电缆，电缆敷设时从盘的上端引出，不得使电缆在支架及地面上摩擦拖拉。电缆不得有压扁、绞拧等机械损伤。 2）电缆敷设应专人统一指挥。室内、拐弯处应设专人监护指导；电缆敷设人员听从统一口令，用力均匀协调；指挥人员应及时联系保证电缆走向、位置正确。 3）通过窗口进入室内的电缆，应使用钢管或枕木作为支撑，防止损坏窗台等成品。	现场检查	

序号	关键工序 验收项目		质量要求	检查方式	备注
2	二次电缆 敷设	电缆 敷设	4）电缆放到位置后，应留够适当长度并贴上临时电缆标识。 5）数字配线架跳线整齐；同轴电缆与电缆插头的焊接牢固、接触良好，插头的配件装配正确牢固。 （2）高压电缆敷设。 1）高压电缆较低压电缆自重大，展放难度大，高压电缆敷设采用电动绞磨配合滑轮的方式进行展放，在电缆路径的直线段和转弯处放置滑轮，并加以固定，采用电动绞磨牵引高压电缆进行电缆展放和敷设。如电缆端部带牵引头，则将牵引绳直接挂在牵引头上；如果电缆端部没有预制牵引头，则使用电缆网套套在电缆外护套上分散牵引力进行电缆牵引敷设。牵引绳通过能消扭的活节与电缆头连接，防止电缆扭曲。牵引电缆用的钢丝绳，安全系数取5～6倍。 2）敷设高压电缆时，从电缆盘上方引出电缆，严禁将电缆扭成死角。电缆展放时，应顺电缆圈慢慢拉直，不得把电缆放在地面上拖拉以免破坏外保护层。高压电缆允许弯曲半径不少于电缆外径的15倍。放电缆时应合理安排长度，以免造成浪费。 3）机械敷设电缆的速度不宜超过15m/min。 4）机械敷设电缆时，应在牵引头或钢丝网套与牵引钢缆之间装设防捻器	现场检查	
3	二次接线	接线 工艺	（1）二次回路接线应符合下列规定： 1）应按有效图纸施工，接线应正确。 2）导线与电气元件间应采用螺栓连接、插接、焊接或压接等，且均应牢固可靠。 3）盘、柜内的导线不应有接头，芯线应无损伤。 4）多股导线与端子、设备连接应压终端附件。 5）电缆芯线和所配导线的端部均应标明其回路编号，编号应正确，字迹应清晰，不易脱色。 6）配线应整齐、清晰、美观，导线绝缘应良好。	现场检查 资料检查	

序号	关键工序验收项目		质量要求	检查方式	备注
3	二次接线	接线工艺	7）每个接线端子的每侧接线应为 1 根；对于插接式端子，插入的电缆芯剥线长度适中，铜芯不外露；对于螺栓连接端子，需将剥除护套的芯线弯圈，弯圈的方向为顺时针，弯圈的大小与螺栓的大小相符，不宜过大。 （2）盘、柜内电流回路配线应采用截面不小于 2.5mm²、标称电压不低于 450V/750V 的铜芯绝缘导线，其他回路截面不应小于 1.5mm²；电子元件回路、弱电回路采用锡焊连接时，在满足载流量和电压降及有足够机械强度的情况下，可采用不小于 0.5mm² 截面的绝缘导线。 （3）导线用于连接门上的电器、控制台板等可动部位时，应符合下列规定： 1）应采用多股软导线，敷设长度应有适当裕度。 2）线束应有外套塑料缠绕管保护。 3）与电器连接时，端部应压接终端附件。 4）在可动部位两端应固定牢固。 （4）引入盘、柜内的电缆及其芯线应符合下列规定： 1）电缆、导线不应有中间接头，必要时，接头应接触良好、牢固，不承受机械拉力，并应保证原有的绝缘水平；屏蔽电缆应保证其原有的屏蔽电气连接作用。 2）电缆应排列整齐、编号清晰、避免交叉、固定牢固，不得使所接的端子承受机械应力。 3）铠装电缆进入盘、柜后，应将钢带切断，切断处应扎紧，钢带应在盘、柜侧一点接地。 4）屏蔽电缆的屏蔽层应接地良好。 5）橡胶绝缘芯线应外套绝缘管保护。 6）盘、柜内的电缆芯线接线应牢固、排列整齐，并留有适当裕度；备用芯线应引至盘、柜顶部或线槽末端，并应标明备用标识，芯线导体不得外露。 7）强、弱电回路不应使用同一根电缆，线芯应分别成束排列。 8）电缆芯线及绝缘不应有损伤；单股芯线不应因弯曲半径过小而损坏线芯及绝缘。单股芯线弯圈接线时，其弯线方向应与螺栓紧固方向一致；多股软线与端子连接时，应压接相应规格的终端附件	现场检查资料检查	

4.4 标 准 工 艺 清 单

标准工艺清单见表 4-3。

表 4-3 标 准 工 艺 清 单

序号	工艺标准	图例
1	电缆应排列整齐，电缆之间无交叉，固定牢固，不得使所接的端子排承受额外的应力	
2	芯线无损伤，排列应无交叉，横平竖直、整齐美观，弯曲弧度一致，与接线端子连接可靠	

序号	工艺标准	图例
3	芯线的扎带绑扎间距一致，扎头朝向后面	
4	芯线应套号码管，标识内容应包括电缆编号、回路编号和端子排号，号码管长度一致，排列整齐，字体向外，字迹清晰	
5	备用芯线应满足端子排最远端子接线要求，并应套有电缆编号号码管，芯线端部加装封堵头	

续表

序号	工艺标准	图例
6	电缆挂牌固定牢固、标识清晰、悬挂整齐	

4.5 质量通病防治措施清单

质量通病防治措施清单见表4-4。

表4-4   质量通病防治措施清单

序号	质量通病	防治措施	图例
1	盘、柜内电缆芯线排列不整齐，备用芯线导体外露，备用芯未引至盘、柜顶部	按照《电气装置安装工程　盘、柜及二次回路接线施工及验收规范》(GB 50171—2012)第6.0.4条规定，盘、柜内的电缆芯线接线应牢固、排列整齐，并应留有适当裕度；备用芯线应引至盘、柜顶部或线槽末端，并应标明备用标识，芯线导体不得外露	

续表

序号	质量通病	防治措施	图例
2	盘、柜内个别接地螺栓上所接引的接地线鼻为三个及以上	按照《国家电网公司输变电工程标准工艺（三） 工艺标准库（2016 年版）》二次回路接线（0102040104）要求"每个接地螺栓上所引接的屏蔽接地线鼻不得超过两个"和"线鼻子压接不超过六根"	
3	盘、柜基础型钢未采用明显接地，接地点少于两点	按照《电气装置安装工程 盘、柜及二次回路接线施工及验收规范》（GB 50171—2012）第 7.0.1 条规定，盘、柜基础型钢应有明显且不少于两点的可靠接地。设计图纸应明确具体的接地做法和位置，施工过程中应严格按图施工	
4	未按反措要求设置保护室等电位地网	按照《国家电网有限公司十八项电网重大反事故措施（2018 年修订版）及编制说明》第 15.621 条要求，在保护室屏柜下层的电缆室（或电缆沟道）内，沿屏柜布置的方向逐排敷设截面积不小于 100mm² 的铜排（缆），将铜排（缆）的首端、末端分别连接，形成保护室内的等电位地网。该等电位地网应与变电站主地网一点相连，连接点设置在保护室的电缆沟道入口处。为保证连接可靠，等电位地网与主地网的连接应使用 4 根及以上，每根截面积不小于 50mm² 的铜排（缆）严格按照图纸施工，	

续表

序号	质量通病	防治措施	图例
4	未按反措要求设置保护室等电位地网	各级验收严格把控，特别是隐蔽工程验收，留存必要的隐蔽照片	

4.6 强制性条文清单

强制性条文清单见表4-5。

表4-5 强制性条文清单

规程名	条款号	强制性条文
GB 50169—2006《电气装置安装工程 接地装置施工及验收规范》	3.3.11	当电缆穿过零序电流互感器时，电缆头的接地线应通过零序电流互感器后接地；由电缆头至穿过零序电流互感器的一段电缆金属护层和接地线应对地绝缘
	3.3.16	高频感应电热装置的屏蔽网、滤油器、电源装置的金属屏蔽外壳，高频回路中外露导体和电气设备的所有屏蔽部分和与其连接的金属管道均应接地，并宜与接地干线连接。与高频滤波器相连的射频电缆应全程伴随100mm^{2}以上的铜质接地线
	3.3.19	保护屏应装有接地端子，并用截面小于4mm^{2}的多股铜线和接地网直接连通。装设静态保护的保护屏，应装设连接控制电缆屏蔽层的专用接地铜排，各盘的专用接地铜排互相连接成环，与控制室的屏蔽接地网连接。用截面小于100mm^{2}的绝缘导线或电缆将屏蔽网与一次接地网直接相连

4.7 十八项电网重大反事故措施清单

十八项电网重大反事故措施清单见表4-6。

表4-6   十八项电网重大反事故措施清单

序号	条款号	条款内容
1	5.3.2.3	交直流回路不得共用一根电缆，控制电缆不应与动力电缆并排铺设。对不满足要求的运行变电站，应采取加装防火隔离措施
2	5.3.2.4	直流电源系统应采用阻燃电缆。两组及以上蓄电池组电缆，应分别铺设在各自独立的通道内，并尽量沿最短路径敷设。在穿越电缆竖井时，两组蓄电池电缆应分别加穿金属套管。对不满足要求的运行变电站，应采取防火隔离措施
3	5.3.1.10	变电站内端子箱、机构箱、智能控制柜、汇控柜等屏柜内的交直流接线，不应接在同一段端子排上
4	15.6.2.1	在保护室屏柜下层的电缆室（或电缆沟道）内，沿屏柜布置的方向逐排敷设截面积不小于$100mm^2$的铜排（缆），将铜排（缆）的首端、末端分别连接，形成保护室内的等电位地网。该等电位地网应与变电站主地网一点相连，连接点设置在保护室的电缆沟道入口处。为保证连接可靠，等电位地网与主地网的连接应使用4根及以上，每根截面积不小于$50mm^2$的铜排（缆）
5	15.6.2.2	分散布置保护小室（含集装箱式保护小室）的变电站，每个小室均应参照15.6.2.1要求设置与主地网一点相连的等电位地网。小室之间若存在相互连接的二次电缆，则小室的等电位地网之间应使用截面积不小于$100mm^2$的铜排（缆）可靠连接，连接点设在小室等电位地网与变电站主接地网连接处。保护小室等电位地网与控制室、通信室等的地网之间亦应按上述要求进行连接
6	15.6.2.3	微机保护和控制装置的屏柜下部应设有截面积不小于$100mm^2$的铜排（不要求与保护屏绝缘），屏柜内所有装置、电缆屏蔽层、屏柜门体的接地端应用截面积不小于$4mm^2$的多股铜线与其相连，铜排应用截面不小于$50mm^2$的铜缆接至保护室内的等电位接地网

序号	条款号	条款内容
7	15.6.2.4	直流电源系统绝缘监测装置的平衡桥和检测桥的接地端以及微机型继电保护装置柜屏内的交流供电电源（照明、打印机和调制解调器）的中性线（零线）不应接入保护专用的等电位接地网
8	15.6.2.5	微机型继电保护装置之间、保护装置至开关场就地端子箱之间以及保护屏至监控设备之间所有二次回路的电缆均应使用屏蔽电缆，电缆的屏蔽层两端接地，严禁使用电缆内的备用芯线替代屏蔽层接地
9	15.6.2.6	为防止地网中的大电流流经电缆屏蔽层，应在开关场二次电缆沟道内沿二次电缆敷设截面积不小于100mm²的专用铜排（缆）；专用铜排（缆）的一端在开关场的每个就地端子箱处与主地网相连，另一端在保护室的电缆沟道入口处与主地网相连，铜排不要求与电缆支架绝缘
10	15.6.2.7	接有二次电缆的开关场就地端子箱内（汇控柜、智能控制柜）应设有铜排（不要求与端子箱外壳绝缘），二次电缆屏蔽层、保护装置及辅助装置接地端子、屏柜本体通过铜排接地。铜排截面积应不小于100mm²，一般设置在端子箱下部，通过截面积不小于100mm²的铜缆与电缆沟内不小于的100mm²的专用铜排（缆）及变电站主地网相连
11	15.6.2.8	由一次设备（如变压器、断路器、隔离开关和电流、电压互感器等）直接引出的二次电缆的屏蔽层应使用截面不小于4mm²多股铜质软导线仅在就地端子箱处一点接地，在一次设备的接线盒（箱）处不接地，二次电缆经金属管从一次设备的接线盒（箱）引至电缆沟，并将金属管的上端与一次设备的底座或金属外壳良好焊接，金属管另一端应在距一次设备3～5m之外与主接地网焊接
12	15.6.2.9	由纵联保护用高频结合滤波器至电缆主沟施放一根截面不小于50mm²的分支铜导线，该铜导线在电缆沟的一侧焊至沿电缆沟敷设的截面积不小于100mm²专用铜排（缆）上；另一侧在距耦合电容器接地点约3～5m处与变电站主地网连通，接地后将延伸至保护用结合滤波器处
13	15.6.3.1	合理规划二次电缆的路径，尽可能离开高压母线、避雷器和避雷针的接地点，并联电容器、电容式电压互感器、结合电容及电容式套管等设备；避免或减少迂回以缩短二次电缆的长度；拆除与运行设备无关的电缆
14	15.6.3.2	交流电流和交流电压回路、不同交流电压回路、交流和直流回路、强电和弱电回路、来自电压互感器二次的4根引入线和电压互感器开口三角绕组的两根引入线均应使用各自独立的电缆

序号	条款号	条款内容
15	15.6.4.1	电流互感器或电压互感器的二次回路，均必须且只能有一个接地点。当两个及以上电流（电压）互感器二次回路间有直接电气联系时，其二次回路接地点设置应符合以下要求： （1）便于运行中的检修维护。 （2）互感器或保护设备的故障、异常、停运、检修、更换等均不得造成运行中的互感器二次回路失去接地

4.8　安全管控风险点及控制措施

安全管控风险点及控制措施见表4-7。

表4-7　　　　　　　　　　　　　　　安全管控风险点及控制措施

序号	安全管控风险点及控制措施
1	电缆敷设准备： （1）工程技术人员应根据电缆盘的重量配备吊车、吊绳，并根据电缆盘的重量配置电缆放线架。 （2）班组负责人应根据电缆轴的重量选择吊车和钢丝绳套。严禁将钢丝绳直接穿过电缆盘中间孔洞进行吊装，避免钢丝绳受折无法再次使用。严禁使用跳板滚动卸车和在车上直接将电缆盘推下。 （3）卸车时吊车必须支撑平稳，必须设专人指挥，其他作业人员不得随意指挥吊车司机，遇紧急情况时，任何人员有权发出停止作业信号。 （4）电缆运输车上的挂钩人员在挂钩前要将其他电缆用木楔等物品固定后方可起吊，车下人员在电缆盘吊移的过程中，严禁站在吊臂和电缆盘下方。 （5）电缆隧道需采用临时照明作业时，必须使用36V以下照明设备，且导线不应有破损。 （6）临时打开的电缆沟盖、孔洞应设立警示牌、围栏。 （7）根据电缆盘的重量和电缆盘中心孔直径选择放线支架的钢轴，放线支架必须牢固、平稳，无晃动，严禁使用道木搭设支架，防止电缆盘翻倒造成伤人事故的发生。 短距离滚动光缆盘，应严格按照缆盘上标明的箭头方向滚动。光缆禁止长距离滚动

序号	安全管控风险点及控制措施
2	敷设及接线： （1）电缆敷设时应设专人统一指挥，指挥人员指挥信号应明确、传达到位。 （2）敷设人员戴好安全帽、手套，严禁穿塑料底鞋，必须听从统一口令，用力均匀协调。 （3）拖拽人员应精力集中，要注意脚下的设备基础、电缆沟支撑物、土堆、电缆支架等，避免拌倒摔伤。在电缆层内作业时，动作应轻缓，防止电缆支架划伤身体。 （4）拐角处作业人员应站在电缆外侧，避免电缆突然带紧将作业人员摔倒。 （5）电缆通过孔洞时，出口侧的人员不得在正面接引，避免电缆伤及面部。上下竖井应系安全带。 （6）操作电缆盘人员要时刻注意电缆盘有无倾斜现象，特别是在电缆盘上剩下几圈时，应防止电缆突然蹦出伤人。 （7）高压电缆敷设过程中必须设专人巡视，应采用一机一人的方式敷设，施工前作业人员应时刻保证通信畅通，在拐弯处应有专人看护，防止电缆脱离滚轮，避免出现电缆被压、磕碰及其他机械损伤等现象发生。 （8）高压电缆敷设采用人力敷设时，作业人员应听从指挥统一行动，抬电缆行走时要注意脚下，放电缆时要协调一致同时下放，避免扭腰砸脚和磕坏电缆外绝缘。 （9）电缆沟应设置跨越通道，沿沟边行走应注意力集中，防止摔入沟内。临时打开的沟盖、孔洞应设立警示牌、围栏，每天完工后应立即封闭。 （10）电缆绑扎牢固可靠，垂直敷设的电缆应重点检查绑扎的可靠性，防止绑扎位置松脱，导致大量电缆松脱引起人身及电网事故。 （11）电缆剥皮应注意刀口方向及钢铠切口，防止划伤手掌；电缆剥皮还应注意不得伤及芯线绝缘层，防止直流失地。 （12）电缆头地线采用焊接时，电烙铁使用完毕后不得随意乱放，以免烫伤电缆芯线、施工人员及引起火灾。 （13）选用适合的工具进行二次线接入，接入端子的芯线因牢固可靠，用手拉扯不应脱出。 在改扩建工程进行本工序作业时，还应执行"03050105 运行屏柜上二次接线、03050106 二次接入带电系统"的相关预控措施

4.9 验 收 标 准 清 单

验收标准清单见表 4－8。

表 4-8　　　　　　　　　　　　　　　　验 收 标 准 清 单

序号	验收项目	验收标准	检查方式
1	包装文件	（1）每盘电缆都应附有产品质量验收合格证和出厂试验报告。 （2）电缆合格证书应标示出生产该电缆的绝缘挤出机的开机顺序号和绝缘挤出顺序号。 （3）同型号、同批次电缆均应有抽检试验报告	
2	产品标志	（1）护套表面上应有制造厂名、产品型号、额定电压、每米打字和制造年、月的连续标志。 （2）标志应字迹清楚，清晰耐磨	
3	电缆本体	（1）本体无形变，外护套光滑，无损伤。 （2）电缆两端应用防水密封套密封，密封套和电缆的重叠长度不应小于 200mm。 （3）电缆型号、规格、长度应符合订货合同要求。 （4）外护套绝缘试验：在金属套和外护套表面导电层之间以金属套接负极施加直流电压 10kV，1min，外护套不击穿	
4	电缆盘	（1）每个电缆盘上只能卷绕一根电缆。 （2）电缆盘的结构应牢固，筒体部分应采用钢结构，电缆盘应完好而不腐烂；盘表面上应有制造厂名、产品型号、额定电压、起止尺寸和长度、制造年、月、重量等标志，应标以箭头指示电缆的缠紧方向或电缆敷设方向。 （3）电缆盘不应平放，运输时应采取防止电缆盘滚动的措施	
5	排管敷设	（1）排列方式、断面布置应与设计保持一致。 （2）电缆保护管材质、内径应与设计保持一致。 （3）电缆保护管固定应牢固，连接应严密。 （4）地基坚实、平整，无凹陷。 （5）保护管端口应进行有效防水封堵、防火封堵。 （6）路径上方的警示带、电缆标桩应满足设计及运行规程要求	

序号	验收项目	验收标准	检查方式
6	接地系统	（1）接地线线鼻子压接不超过6根，每个接地螺栓上所引接的屏蔽接地线鼻不超过两个。 （2）接地铜排的接线端子布设合理，间隔一致，螺栓配置齐全，穿向由内向外，由下向上	
7	接线检查	（1）接线规范、美观，二次线必须穿有清晰的标号牌，清楚注明二次线的对侧端子排号及二次回路号；端子箱接线布置规范，电缆芯外露不大于5 mm，无短路接地隐患。 （2）端子排正、负电源之间以及正电源与分、合闸回路之间，宜以空端子或绝缘隔板隔开。 （3）二次电缆备用芯线头应进行单根绝缘包扎处理，严禁成捆绝缘包扎处理，低压交流电缆相序标志清楚。 （4）每个接线端子不得超过一根接线，不同截面芯线不得接在同一个接线端子上。 （5）智能柜内的光纤应完好、弯曲度应符合设计要求；柜内温、湿度信号应上传至后台或远方，并显示正确。 （6）屏柜内配线电流回路应采用电压不低于500V的铜芯绝缘导线，其截面面积不应小于2.5mm^2；其他回路截面面积不应小于1.5mm^2。 （7）电流回路应经过试验端子，试验端子接触良好。 （8）潮湿环境以采用防潮端子。 （9）接线端子应与导线的截面积匹配，不得使用小端子配大截面的导线。 （10）电缆排列整齐，编号清晰，无交叉，固定牢固，不得使所接的端子排受到机械应力。 （11）芯线按垂直或水平有规律地配置，排列整齐、清晰、美观，回路编号正确，绝缘良好，无损伤。芯线绑扎扎带头间距统一、美观。 （12）强、弱电回路，双重化回路，交直流回路不应使用同一根电缆，并应分别成束分开排列。	

序号	验收项目	验收标准	检查方式
7	接线检查	（13）直线型接线方式应保证直线段水平，间距一致；S形接线方式应保证S弯弧度一致。 （14）芯线号码管长度一致，字体向外；电缆芯线应标明回路编号、电缆编号和所在端子位置，内部配线应标明所在端子位置和对端端子位置编号应正确，与设计图纸一致［《继电保护及二次回路安装及验收规范》（GB/T 50976—2014）中4.5.7条］。 （15）备用芯应满足端子排最远端子接线要求，应套标有电缆编号的号码管，且线芯不得裸露。 （16）每个接线端子的每侧接线宜为1根，不得超过2根。 （17）对于插接式端子，不同截面的两根导线不得接在同一端子上；对于螺栓连接端子，当接两根导线时，中间应加平垫片。导线的旋转方向应为顺时针方向。光纤保护帽应在光纤调试完毕后及时恢复；加强调试人员、厂家及验收人成品保护意识	

4.10 启动送电前检查清单

启动送电前检查清单见表4-9。

表4-9　　　　　　　　　　　　　　启动送电前检查清单

序号	检查项目	检查结论	责任主体
1	试验线、接地线均应拆除		施工单位、运检单位、监理单位、业主单位
2	二次接线螺栓紧固检查		施工单位、运检单位、监理单位、业主单位
3	盘柜、端子箱接线恢复检查		施工单位、运检单位、监理单位、业主单位
4	N600一点接地检查		施工单位、运检单位、监理单位、业主单位

5　气体绝缘断路器安装

本章适用于 35～750kV 的气体绝缘断路器安装。

5.1　气体绝缘断路器安装工艺流程图

气体绝缘断路器安装工艺流程图如图 5-1 所示。

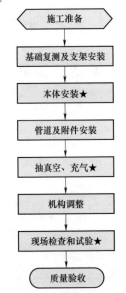

图 5-1　气体绝缘断路器安装工艺流程图

5.2 安装准备清单

安装准备清单见表 5-1。

表 5-1 安装准备清单

序号	类型	要求
1	人员	（1）安装单位组织管理人员、技术人员、施工人员及制造厂人员到位并熟悉现场及设备情况。 （2）相关人员上岗前，应根据设备的安装特点由制造厂向安装单位进行产品技术要求交底；安装单位对作业人员进行专业培训及安全技术交底。 （3）制造厂人员应服从现场各项管理制度，制造厂人员进场前应将人员名单及负责人信息报监理备案。 （4）特殊工种作业人员应持证上岗
2	机具	（1）施工机械进场就位，工器具配备齐全、状态良好，测量仪器检定合格。 （2）吊车及吊具的选择已经按吊装重量最大、工作幅度最大的情况进行了吊装计算，参数选择符合要求。起重机械证件齐全、安全装置完好，并完成报审。 （3）真空泵、SF_6 回收装置组等机具进场后先确认管路、阀门无损坏；检查机具电源回路绝缘状态；检查控制、信号回路；确认电机、传动机构内无异物；确认法兰数量、尺寸满足对接需要；确认机具外壳接地措施完备，以上检查完毕应开机试运行正常。安全工器具数量、种类满足使用需求，检验合格，标识齐全，在有效期内
3	材料	所需安装材料准备齐全充足，检验合格并报审
4	施工方案	"断路器安装施工方案"编审批完成，并对参与安装作业的全体施工人员进行安全技术交底
5	施工环境	现场安装工作应在环境温度 -5～40℃、无风沙、无雨雪、空气相对湿度小于 80%、洁净度符合出厂技术文件要求。温湿度、洁净度应连续动态检测并记录，合格后方可开展工作
6	设计图纸	相关施工图纸已完成图纸会检，生产厂家图纸、技术资料已齐全
7	施工单位与厂家职责分工	安装前，厂家应提供安装工艺设计，并向有关人员进行交底

5.3 安装质量控制要点清单

安装质量控制要点清单见表 5-2。

表 5-2   安装质量控制要点清单

序号	关键工序验收项目		质量要求	检查方式	备注
1	本体到货验收	图纸及技术资料	（1）组部件、备件应齐全，规格应符合设计要求，包装及密封应完好。 （2）备品备件、专用工具和仪表应随断路器同时装运，但必须单独包装，并明显标记，以便与提供的其他设备相区别。 （3）备品备件验收可参照《国家电网公司验收管理规定》中断路器相关组件验收要求执行。 （4）制造厂需提供的技术文件应齐全：断路器出厂试验报告及合格证；断路器型式试验和特殊试验报告；主要材料检验报告、套管、密度继电器、绝缘拉杆、电流互感器（罐式断路器）、温湿度加热器等组件的检验报告；安装使用说明书；设备安装图及二次原理图及接线图。 （5）依照技术协议书、装箱清单清点到货物品，避免遗漏	现场检查资料检查	
		外观检查	（1）断路器及构架、机构箱等连接部位螺栓压接牢固，平垫、弹簧垫齐全、螺栓外露长度符合要求。 （2）一次接线端子无开裂、无变形，表面镀层无破损，引线搭接面满足要求，必要时进行温升试验。 （3）金属法兰与瓷件胶装部位黏合牢固，防水胶完好。 （4）设备防水、防潮措施完好,设备无受潮现象。 （5）断路器外观清洁无污损，油漆完整。 （6）其他根据运输协议应检查项目，如预充气体压力	现场检查资料检查	

序号	关键工序验收项目		质量要求	检查方式	备注
1	本体到货验收	铭牌	铭牌与设计图纸比对，设备出厂铭牌齐全、参数正确	现场检查过程见证	
		套管	瓷套表面无裂纹，清洁，无损伤，均压环无变形	现场检查过程见证	
		机构箱	机构箱无磕碰划伤	现场检查过程见证	
		组部件到货验收	（1）地脚螺栓规格、数量应符合技术协议和安装图纸要求。 （2）气体（SF$_6$断路器）应提供足够断路器安装一次预充的气体量；附带气体试验报告	现场检查过程见证	
2	整体安装	外观检查	（1）断路器及构架、机构箱安装应牢靠，连接部位螺栓压接牢固，满足力矩要求，平垫、弹簧垫齐全、螺栓外露长度符合要求，用于法兰连接紧固的螺栓，紧固后螺纹一般应露出螺母2～3圈，各螺栓、螺纹连接件应按要求涂胶并紧固划标志线；罐式断路器罐体安装水平误差：≤0.5%罐体长度，且≤10mm。 （2）采用垫片（厂家调节垫片除外）调节断路器水平的，支架或底架与基础的垫片不宜超过3片，总厚度不应大于10mm，且各垫片间应焊接牢固。 （3）一次接线端子无松动、无开裂、无变形，表面镀层无破损。 （4）金属法兰与瓷件胶装部位黏合牢固，防水胶完好。 （5）均压环无变形，安装方向正确，排水孔无堵塞。 （6）断路器外观清洁无污损，油漆完整。 （7）电流互感器接线盒箱盖密封良好。 （8）设备基础无沉降、开裂、损坏。 （9）全部紧固螺栓均应采用热镀锌螺栓，具备防松动措施，导电回路应采用8.8级热镀锌螺栓。 （10）设备底座焊接质量符合焊接要求，防腐正确可靠	现场检查资料检查	

序号	关键工序验收项目		质量要求	检查方式	备注
2	整体安装	铭牌	设备铭牌、参数与设计相符	现场检查资料检查	
		相色	相色标志清晰正确	现场检检	
		封堵	所有电缆管（洞）口应封堵良好	现场检查	
		机构箱	（1）机构箱开合顺畅，密封胶条安装到位，应有效防止尘、雨、雪、小虫和动物的侵入。 （2）机构箱内无异物，无遗留工具和备件。 （3）机构箱内备用电缆芯应加有保护帽，二次线芯号头、电缆走向标示牌无缺失现象。 （4）各空气开关、熔断器、接触器等元器件标示齐全正确，可操作的二次元器件应有中文标志并齐全正确。 （5）机构箱内若配有通风设备，则应功能常，若有通气孔，应形成对流	现场检查资料检查	
		防爆膜（如配）	防爆膜检查应无异常，泄压通道通畅且不应朝向巡视通道	现场检查资料检查	
3	极柱及瓷套管、复合套管安装	外观检查	（1）瓷套管、复合套管表面清洁，无裂纹、无损伤。 （2）增爬伞裙完好，无塌陷变形，粘接界面牢固。 （3）防污闪涂料涂层完好，不应存在剥离、破损	现场检查资料检查留取影像	
		相间距	极柱相间中心距离误差≤5mm	现场检查资料检查	

续表

序号	关键工序验收项目		质量要求	检查方式	备注
4	SF$_6$气室内处理	SF$_6$密度继电器	（1）户外安装的密度继电器应设置防雨罩，其应能将表、控制电缆接线端子一起放入，安装位置应方便巡视人员或智能机器人巡视观察。 （2）SF$_6$密度继电器与开关设备本体之间的连接方式应满足不拆卸校验密度继电器的要求；密度继电器应装设在与断路器本体同一运行环境温度的位置；断路器SF$_6$气体补气口位置尽量满足带电补气要求。 （3）充油型密度继电器无渗漏。 （4）具有远传功能的密度继电器，就地指示压力值应与监控后台一致。 （5）密度继电器报警、闭锁压力值应按制造厂规定整定，并能可靠上传信号及闭锁断路器操作	现场检查资料检查	
		SF$_6$气体压力	充入SF$_6$气体气压值满足制造厂规定；整体密封试验：按制造厂规定，年泄漏率＜1%（SF$_6$气体含水量≤150ppm）	现场检查资料检查	
		SF$_6$气体管路阀系统	截止阀、逆止阀能可靠工作，投运前均已处于正确位置，截止阀应有清晰的关闭、开启方向及位置标识	现场检查资料检查	
5	操动机构检查	操动机构通用验收要求	（1）操动机构固定牢靠。 （2）操动机构的零部件齐全，各转动部位应涂以适合当地气候条件的润滑脂。 （3）电动机固定应牢固，转向应正确。 （4）各种接触器、继电器、微动开关、压力开关、压力表、加热驱潮装置和辅助开关的动作应准确、可靠，接点应接触良好、无烧损或锈蚀。 （5）分、合闸线圈的铁芯应动作灵活、无卡阻。 （6）压力表应经出厂检验合格，并有检验报告，压力表的电接点动作正确可靠。 （7）操动机构的缓冲器应经过调整；采用油缓冲器时油位应正常，所采用的液压油应适应当地气候条件且无渗漏	现场检查资料检查	

序号	关键工序验收项目		质量要求	检查方式	备注
5	操动机构检查	弹簧机构	（1）储能机构检查。 1）弹簧储能指示正确，弹簧机构储能接点能根据储能情况及断路器动作情况，可靠接通、断开。 2）储能电动机具有储能超时、过电流、热偶等保护元件并能可靠动作，打压超时整定时间应符合产品技术要求。 3）储能电动机应运行无异常、无异声。断开储能电机电源，手动储能正常执行，手动储能与电动储能之间闭锁可靠。 4）合闸弹簧储能时间应满足制造厂要求，合闸操作后一般应在20s（参考值）内完成储能，在85%～110%的额定电压下应能正常储能。 （2）弹簧机构检查。 1）弹簧机构应能可靠防止发生空合操作。 2）合闸弹簧储能时，牵引杆的位置应符合产品技术文件。 3）合闸弹簧储能完毕后，行程开关应能立即将电动机电源切除，合闸完毕，行程开关应将电动机电源接通，机构储能超时应上传报警信号。 4）合闸弹簧储能后，牵引杆的下端或凸轮应与合闸锁扣可靠的联锁。 5）分、合闸闭锁装置动作应灵活，复位应准确而迅速，并应开合可靠。 （3）弹簧机构其他验收项目： 1）传动链条无锈蚀、机构各转动部分应涂以适合当地气候条件的润滑脂。 2）缓冲器缓冲行程符合制造厂规定。 3）弹簧机构内轴销、卡簧等应齐全，螺栓应紧固，并画划线标记	现场检查 资料检查	

序号	关键工序 验收项目		质量要求	检查方式	备注
5	操动机构 检查	液压机构	（1）液压机构验收。 　1）液压油标号正确，适合设备环境要求，油位满足设备厂家要求，并应设置明显的油位观察窗，方便在运行状态检查油位情况。 　2）液压机构连接管路应清洁、无渗漏，压力表计指示正常且其安装位置应便于观察。 　3）油泵运转正常，无异常，欠压时能可靠启动，压力建立时间符合要求；若配有过流保护元件，整定值应符合产品技术要求。 　4）液压系统油压不足时，机械、电气防止慢分装置应可靠工作。 　5）具备慢分、慢合操作条件的机构，在进行慢分、慢合操作时，工作缸活塞杆的运动应无卡阻现象，其行程应符合产品技术文件。 　6）电动机或油泵应能满足60s内从重合闸闭锁油压到额定油压和5min内从零压充到额定压力的要求；打压超时报警时间符合技术要求。 　7）微动开关、接触器的动作应准确可靠、接触良好电接点压力表、安全阀、压力释放器应经检验合格动作可靠，关闭应严密。 　8）联动闭锁压力值应按产品技术文件要求予以整定，液压回路压力不足时能按设定值可靠报警或闭锁断路器操作，并上传信号。 　9）液压机构 24h 内保压试验无异常，24h 压力泄漏量满足产品技术文件要求，频繁打压时能可靠上传报警信号。 （2）液压机构储能装置验收： 　1）采用氮气储能的机构，储压筒的预充氮气压力，应符合产品技术文件要求，测量时应记录环境温度；补充的氮气应采用微水含量小于 5μL/L 的高纯氮气作为气源。 　2）储压筒应有足够的容量，在降压至闭锁压力前应能进行"分—0.3s—合分"或"合分—3min—合分"的操作。 　3）对于设有漏氮报警装置的储压器，需检查漏氮报警装置功能可靠	现场检查 资料检查	

序号	关键工序验收项目		质量要求	检查方式	备注
5	操动机构检查	断路器操作及位置指示	断路器及其操动机构操作正常、无卡涩，储能标志、分、合闸标志及动作指示正确，便于观察	现场检查	
		就地/远方切换	断路器远方、就地操作功能切换正常	现场检查	
		辅助开关	（1）断路器辅助开关切换时间与断路器主触头动作时间配合良好，接触良好，接点无电弧烧损。 （2）辅助开关应安装牢固，应能防止因多次操作松动变位。 （3）辅助开关应转换灵活、切换可靠、性能稳定。 （4）辅助开关与机构间的连接应松紧适当、转换灵活，并应能满足通电时间的要求；连接锁紧螺帽应拧紧，并应采取放松措施	现场检查资料检查	
		防跳回路	就地、远方操作时，防跳回路均能可靠工作，在模拟手合于故障条件下断路器不会发生跳跃现象	现场检查资料检查	
		非全相装置	三相非联动断路器缺相运行时，所配置非全相装置能可靠动作，时间继电器经校验合格且动作时间满足整定值要求；带有试验按钮的非全相保护继电器应有警示标志	现场检查资料检查	
		动作计数器	断路器应装设不可复归的动作计数器，其位置应便于读数，分相操作的断路器应分相装设	现场检查	

序号	关键工序 验收项目		质量要求	检查方式	备注
6	接地制作	断路器设备	（1）断路器接地采用双引下线接地，接地铜排、镀锌扁钢截面积满足设计要求。 （2）接地引下线应有专用的色标。 （3）紧固螺钉或螺栓应使用热镀锌工艺，其直径应不小于 12mm，接地引下线无锈蚀、损伤、变形。 （4）与接地网连接部位其搭接长度及焊接处理符合要求：扁钢（截面不小于 100mm²）为其宽度的 2 倍且至少 3 个棱边焊接；圆钢（直径不小于 8mm）为其直径的 6 倍，详见 GB 50169 相关要求；焊接处应做防腐处理	现场检查 资料检查	
		机构箱	机构箱接地良好，有专用的色标，螺栓压接紧固；箱门与箱体之间的接地连接铜线截面不小于 4mm²	现场检查 资料检查 过程见证 留取影像	
		控制电缆	（1）由断路器本体机构箱至就地端子箱之间的二次电缆的屏蔽层应在就地端子箱处可靠连接至等电位接地网的铜排上，在本体机构箱内不接地。 （2）二次电缆绝缘层无变色、老化、损坏。 （3）控制电缆金属护管的上端与设备的底座和金属外壳良好焊接，下端就近与主接地网良好焊接	现场检查 资料检查	

序号	关键工序验收项目		质量要求	检查方式	备注
7	其他控制点	加热、驱潮装置	（1）断路器机构箱、汇控柜中应有完善的加热、驱潮装置，并根据温湿度自动控制，必要时也能进行手动投切，其设定值满足安装地点环境要求。 （2）机构箱、汇控柜内所有的加热元件应是非暴露型的。 （3）加热驱潮装置及控制元件的绝缘应良好，加热器与各元件、电缆及电线的距离应大于80mm；加热驱潮装置电源与电动机电源要分开。 （4）寒冷地域装设的加热带能正常工作	现场检查	
		照明装置	断路器机构箱、汇控柜应装设照明装置，且工作正常，如使用白炽灯应有防护装置	现场检查	
		一次引线	（1）引线无散股、扭曲、断股现象，引线对地和相间符合电气安全距离要求，引线松紧适当，无明显过松过紧现象，导线的弧垂须满足设计规范。 （2）铝设备线夹，在可能出现冰冻的地区朝上30°～90°安装时，$\phi400$及以上的设备线夹应配钻直径6～8mm的排水孔。 （3）设备线夹连接宜采用8.8级热镀锌螺栓。 （4）设备线夹与压线板是不同材质时，应采用面间过渡安装方式而不应使用铜铝对接过渡线夹	现场检查资料检查	
		二次元器件	（1）断路器机构箱内空气开关应使用专用交、直流空气开关，严禁使用交直流两用空开，空开配级应满足变电站配置需求。 （2）应避免交、直流接线出现在同一段或串端子排上	现场检查资料检查	

序号	关键工序验收项目		质量要求	检查方式	备注
8	交接试验	SF₆气体	SF$_6$气体必须依据规程要求按比例送检合格且出具检测报告后方可使用。对气瓶抽检率参照GB/T 12022—2014。其他每瓶现场需进行含水量测试	现场检查资料检查过程见证留取影像	
			35～500kV设备：SF$_6$气体含水量的测定应在断路器充气24h后进行。750kV设备在充气至额定压力120h后进行，且测量时环境相对湿度不大于80%。 SF$_6$气体含水量（20℃的体积分数）应符合下列规定：与灭弧室相通的气室，应小于150μL/L、其他气室小于250μL/L。 SF$_6$气体注入设备后应对设备内气体进行SF$_6$纯度检测。对于使用SF$_6$混合气体的设备，应测量混合气体的比例		
		密封试验（SF₆）	采用灵敏度不低于 1×10^{-6}（体积比）的检漏仪对断路器各密封部位、管道接头等处进行检测时，检漏仪不应报警；必要时可采用局部包扎法进行气体泄漏测量。以24h的漏气量换算，每一个气室年漏气率不应大于0.5% ［750kV断路器设备相对年漏气率不应大于0.5μL/L，见《750kV电力设备交接试验规程》（Q/GDW 1157）］；泄漏值的测量应在断路器充气24h后进行		
		SF₆密度继电器	（1）SF$_6$气体密度继电器安装前应进行校验并合格，动作值应符合产品技术条件。 （2）各类压力表（液压、空气）指示值的误差及其变差均应在产品相应等级的允许误差范围内		
		绝缘电阻测量	断路器整体绝缘电阻值测量，应参照制造厂规定		
		主回路电阻测量	采用电流不小于100A的直流压降法，测试结果应符合产品技术条件规定值；与出厂值进行对比，不得超过120%出厂值		

序号	关键工序 验收项目		质量要求	检查方式	备注
8	交接试验	交流耐压试验	35～500kV SF$_6$断路器： （1）在 SF$_6$ 气压为额定值时进行，试验电压按出厂试验电压的 80%，试验时间为 60s。 （2）110kV 以下电压等级应进行合闸对地和断口间耐压试验。 （3）罐式断路器应进行合闸对地和断口间耐压试验；罐式断路器可在耐压过程中进行局部放电检测工作。1.2 倍额定相电压下局放量应满足设备厂家技术要求。 （4）500kV 定开距瓷柱式断路器只进行断口耐压试验。 750kV SF$_6$断路器： （1）主回路交流耐压试验。 1）试验前应用 5000V 绝缘电阻表测量每相导体对地绝缘电阻。 2）在充入额定压力的 SF$_6$ 气体，其他各项交接试验项目完成并合格后进行，断路器应在合闸状态。 3）试验电压值为出厂试验电压值的 90%，试验电压频率在 10～300Hz 范围内。 4）试验前可进行低电压下的老炼试验，施加试验电压值和时间可与厂家协商确定（推荐方案见 Q/GDW 1157）。 （2）断口交流耐压试验。 1）主回路交流耐压试验完成后应进行断口交流耐压试验。 2）试验电压值为出厂试验电压值的 90%，试验电压频率在 10～300Hz 范围内。 3）试验时断路器断开，断口一端施加试验电压，另一端接地	现场检查 资料检查 过程见证 留取影像	

序号	关键工序验收项目		质量要求	检查方式	备注
8	交接试验	均压电容器的试验（如配置）	断路器均压电容器试验（绝缘电阻、电容量、介损）应符合有关规定。 （1）断路器均压电容器的极间绝缘电阻不应低于 5000 MΩ。 （2）断路器均压电容器的介质损耗角正切值应符合产品技术条件的规定。 （3）20℃时，电容值的偏差应在额定电容值的±5%范围内。 （4）罐式断路器的均压电容器试验可按制造厂的规定进行	现场检查 资料检查 过程见证 留取影像	
		断路器机械特性测试	（1）应在断路器的额定操作电压、气压或液压下进行。 （2）测量断路器主、辅触头的分、合闸时间，测量分、合闸的同期性，实测数值应符合产品技术条件的规定。 （3）交接试验时应记录设备的机械特性行程曲线，并与出厂时的机械特性行程曲线进行对比，应在参考机械行程特性包络线范围内（参考 DL/T 615—2013）		
		辅助开关与主触头时间配合试验	对断路器合—分时间及操动机构辅助开关的转换时间与断路器主触头动作时间之间的配合试验检查，对 220kV 及以上断路器，合分时间应符合产品技术条件中的要求，且满足电力系统安全稳定要求		
		分、合闸速度	应在断路器的额定操作电压、气压或液压下进行，实测数值应符合产品技术条件的规定（现场无条件安装采样装置的断路器，可不进行本试验）		
		合闸电阻试验（如配置）	在断路器产品交接试验中，应对断路器主触头与合闸电阻触头的时间配合关系进行测试，有条件时应测量合闸电阻的阻值。合闸电阻的提前接入时间可参照制造厂规定执行，一般为 8～11ms（参考值）。合闸电阻值与初值（出厂值）差应不超±5%		
		分合闸线圈电阻值	测量合闸线圈、分闸线圈直流电阻应合格，与出厂试验值的偏差不超过±5%		

续表

序号	关键工序验收项目		质量要求	检查方式	备注
8	交接试验	分、合闸线圈的绝缘性能	使用1000V绝缘电阻表进行测试，不应低于10MΩ	现场检查资料检查过程见证留取影像	
		断路器机构操作电压试验	合闸操作：弹簧、液压操动机构合闸装置在额定电源电压的85%～110%范围内，应可靠动作。分闸操作： （1）分闸装置在额定电源电压的65%～110%（直流）或85%～110%（交流）范围内，应可靠动作，当此电压小于额定值的30%时，不应分闸（参考Q/GDW 1168—2013）。 （2）附装失压脱扣器的，其动作特性应符合其出厂特性的规定。 （3）附装过流脱扣器的，其额定电流规定不小于2.5A，脱扣电流的等级范围及其准确度应符合相关标准		
		辅助和控制回路试验	采用2500V绝缘电阻表进行绝缘试验，绝缘电阻大于10MΩ		
		电流互感器试验（如配置）	二次绕组绝缘电阻、直流电阻、变比、极性、误差测量、励磁曲线测量等应符合产品技术条件。二次绕组绝缘电阻测量时使用2500V绝缘电阻表，与出厂值对比无明显变化		

5.4 标 准 工 艺 清 单

标准工艺清单见表5-3。

表 5-3 　　　　　　　　 标 准 工 艺 清 单

序号	工艺标准	图例
1	基础中心距离误差、高度误差、预留孔或预埋件中心线误差均应≤10mm；基础预埋件上端应高出混凝土表面 1～10mm；预埋螺栓中心线误差≤2mm，地脚螺栓高出基础顶面长度应符合设计和厂家要求，长度应一致。相间中心距离误差≤5mm	
2	断路器的固定应牢固可靠，宜实现无调节垫片安装（厂家调节垫片除外），支架或底架与基础的垫片不宜超过 3 片，总厚度不应大于10mm，各片间应焊接牢固	
3	支架安装后找正时控制支架垂直度、顶面平整度，相间顶部平整度保持一致，尤其三相联动式断路器，门形支架安装过程中控制支架垂直度和支架上部横担水平度	
4	所有部件（包括机构箱）的安装位置正确，并按制造厂规定要求保持其应有的水平度或垂直度	

序号	工艺标准	图例
5	瓷套表面应光滑无裂纹、缺损。套管采用瓷外套时，瓷套与金属法兰胶装部位应牢固密实并涂有性能良好的防水胶；套管采用硅橡胶外套时，外观不得有裂纹、损伤、变形；套管的金属法兰结合面应平整、无外伤或铸造砂眼	
6	断路器相色标识齐全，本体机构箱及支架应可靠接地	
7	断路器及其传动机构的联动正常，无卡阻现象，分、合闸指示正确，辅助开关及电气闭锁动作正确、可靠	
8	均压环安装应无划痕、毛刺，安装牢固、平整、无变形，底部最低处应打不大于 8mm 的泄水孔	

序号	工艺标准	图例
9	断路器各类表计（密度继电器、压力表等）及指示器（位置指示器、储能指示器等）安装位置应方便巡视人员或智能机器人巡视观察	
10	SF$_6$密度继电器与开关设备本体之间的连接方式应满足不拆卸校验密度继电器的要求。户外 SF$_6$密度继电器应安装防雨罩（厂家提供）	
11	断路器操作平台应可靠接地，平台各段应有跨接线。平台距基准面高度低于 2m 时，防护栏杆高度不应小于 900mm；平台距基准面高度大于等于 2m 时，防护栏杆高度不应小于 1050mm，底部应设有 180mm 高的挡脚板	

5.5 质量通病防治措施清单

质量通病防治措施清单见表 5-4。

表 5-4   质量通病防治措施清单

序号	质量通病	防治措施	图例
1	均压环、导线金具排水孔不规范	按照《电气装置安装工程　电力变压器、油浸电抗器、互感器施工及验收规范》（GB 50148—2010）第 4.8.8 条规定"均压环易积水部位最低点应有排水孔"。 　　按照《电气装置安装工程　母线装置施工及验收规范》（GB 50149—2010）第 3.5.11 条规定"室外易积水的线夹应设置排水孔"（见右图）。 　　导线金具、压接头、套管均压环等易积水部位最低点应打排水孔，防止冬季雨（雪）水进入后结冰导致胀裂，应加强各级验收把关工作	

5.6　强制性条文清单

强制性条文清单见表5-5。

表5-5　　　　　　　　　　　　　　　强制性条文清单

规程名	条款号	强制性条文
GB 50147—2010《电气装置安装工程　高压电器施工及验收规范》	4.4.1	在验收时，应进行下列检查： 4. 断路器及其操动机构的联动应正常，无卡阻现象；分、合闸指示应正确；辅助开关动作应正常可靠。 5. 密度继电器的报警、闭锁值应符合产品技术文件的要求，电气回路传动应正确。 6. 六氟化硫气体压力、闭锁值和含水量符合现行国家标准《电气装置安装工程电气设备交接试验标注》GB 50150及产品技术文件的规定
GB 50169—2016《电气装置安装工程　接地装置施工及验收规范》	3.0.4	电气装置的下列金属部分，均必须接地： （1）电气设备的金属底座、框架及外壳和传动装置。 （2）携带式移动式用电器具的金属底座和外壳。 （3）箱式变电站的金属箱体。 （4）互感器的二次绕组。 （5）配电、控制、保护用的（柜、箱）及操作台的金属框架和底座。 （6）电力电缆的金属护层、接头盒、终端头和金属保护管及二次电缆的屏蔽层。 （7）电缆桥架、支架和井架。 （8）变电站（换流站）构、支架。 （9）架空地线或电气设备的电力线路杆塔。 （10）配电装置的金属遮栏。 （11）电热设备的金属外壳

5.7 十八项电网重大反事故措施清单

十八项电网重大反事故措施清单见表 5-6。

表 5-6   十八项电网重大反事故措施清单

序号	条款号	条款内容	控制阶段
1	12.1.1.1	断路器本体内部的绝缘件必须经过局部放电试验方可装配，要求在试验电压下单个绝缘件的局部放电量不大于 3pC	
2	12.1.1.2	断路器出厂试验前应进行不少于 200 次的机械操作试验(其中每 100 次操作试验的最后 20 次应为重合闸作试验)。投切并联电容器、交流滤波器用断路器型式试验项目必须包含投切电容器组试验，断路器必须选用 C2 级断路器。真空断路器灭弧室出厂前应逐台进行老炼试验，并提供老炼试验报告；用于投切并联电容器的真空断路器出厂前应整台进行老炼试验，并提供老炼试验报告。断路器动作次数计数器不得带有复归机构	设计制造阶段
3	12.1.1.3	开关设备用气体密度继电器应满足以下要求： (1) 密度继电器与开关设备本体之间的连接方式应满足不拆卸校验密度继电器的要求。 (2) 密度继电器应装设在与被监测气室处于同一运行环境温度的位置。对于严寒地区的设备，其密度继电器应满足环境温度在 −40℃~−25℃时准确度不低于 2.5 级的要求。 (3) 新安装 252kV 及以上断路器每相应安装独立的密度继电器。 (4) 户外断路器应采取防止密度继电器二次接头受潮的防雨措施	
4	12.1.1.4	断路器分闸回路不应采用 RC 加速设计。已投运断路器分闸回路采用 RC 加速设计的，应随设备换型进行改造	
5	12.1.1.5	户外汇控箱或机构箱的防护等级应不低于 IP45W，箱体应设置可使箱内空气流通的迷宫式通风口，并具有防腐、防雨、防风、防潮、防尘和防小动物进入的性能。带有智能终端、合并单元的智能控制柜防护等级应不低于 IP55。非一体化的汇控箱与机构箱应分别设置温度、湿度控制装置	

序号	条款号	条款内容	控制阶段
6	12.1.1.6	户外 GIS 法兰对接面宜采用双密封，并在法兰接缝、安装螺孔、跨接片接触面周边、法兰对接面注胶孔、盆式绝缘子浇注孔等部位涂防水胶。开关设备二次回路及元器件应满足以下要求： （1）温控器（加热器）、继电器等二次元件应取得"3C"认证或通过与"3C"认证同等的性能试验，外壳绝缘材料阻燃等级应满足 V-0 级，并提供第三方检测报告。时间继电器不应选用气囊式时间继电器。 （2）断路器出厂试验、交接试验及例行试验中，应进行中间继电器、时间继电器、电压继电器动作特性校验。 （3）断路器分、合闸控制回路的端子间应有端子隔开，或采取其他有效防误动措施。 （4）新投的分相弹簧机构断路器的防跳继电器、非全相继电器不应安装在机构箱内，应装在独立的汇控箱内	设计制造阶段
7	12.1.1.7	新投的 252kV 母联（分段）、主变压器、高压电抗器断路器应选用三相机械联动设备	
8	12.1.1.8	采用双跳闸线圈机构的断路器，两只跳闸线圈不应共用衔铁，且线圈不应叠装布置	
9	12.1.1.9	断路器机构分合闸控制回路不应串接整流模块、熔断器或电阻器	
10	12.1.1.10	断路器液压机构应具有防止失压后慢分慢合的机械装置。液压机构验收、检修时应对机构防慢分慢合装置的可靠性进行试验	
11	12.1.1.11	断路器出厂试验及例行检修中，应检查绝缘子金属法兰与瓷件胶装部位防水密封胶的完好性，必要时复涂防水密封胶	
12	12.1.1.12	隔离断路器的断路器与接地开关间应具备足够强度的机械联锁和可靠的电气联锁	
13	12.1.2.1	断路器交接试验及例行试验中，应对机构二次回路中的防跳继电器、非全相继电器进行传动。防跳继电器动作时间应小于辅助开关切换时间，并保证在模拟手合于故障时不发生跳跃现象	基建阶段
14	12.1.2.2	断路器产品出厂试验、交接试验及例行试验中，应对断路器主触头与合闸电阻触头的时间配合关系进行测试，并测量合闸电阻的阻值	

续表

序号	条款号	条款内容	控制阶段
15	12.1.2.3	断路器产品出厂试验、交接试验及例行试验中,应测试断路器合—分时间。对 252kV 及以上断路器,合—分时间应满足电力系统安全稳定要求	
16	12.1.2.4	充气设备现场安装应先进行抽真空处理,再注入绝缘气体。SF_6 气体注入设备后应对设备内气体进行 SF_6 纯度检测。对于使用 SF_6 混合气体的设备,应测量混合气体的比例	基建阶段
17	12.1.2.5	SF_6 断路器充气至额定压力前,禁止进行储能状态下的分、合闸操作	
18	12.1.2.6	断路器交接试验及例行试验中,应进行行程曲线测试,并同时测量分/合闸线圈电流波形	

5.8 安全管控风险点及控制措施

安全管控风险点及控制措施见表 5-7。

表 5-7　　　　　　　　　　　　　　安全管控风险点及控制措施

序号	安全管控风险点及控制措施
1	断路器、传动装置以及有返回弹簧活自动释放的开关,在合闸位置和未锁好时,不得搬运开关设备
2	六氟化硫气瓶的安全帽、防震圈应齐全,安全帽应拧紧;搬运时应轻装轻卸,不得抛掷、溜放
3	操作气动操动机构断路器时,应事先通知高处作业人员及其他施工人员
4	在调整、检修断路器及传动装置时,应有防止断路器意外脱扣伤人的可靠措施,施工作业人员应避开断路器可动部分的动作空间
5	对于液压、气动及弹簧操作机构,不应在有压力或弹簧储能的状态下进行拆装或检修工作
6	放松或拉紧断路器的返回弹簧及自动释放机构弹簧时,应使用专用工具,不得快速释放

序号	安全管控风险点及控制措施
7	凡可慢分慢合的断路器，初次动作时不得快分快合
8	工作人员进入六氟化硫配电装置室，入口处若无六氟化硫气体含量显示器，应先通风 15min，并检测六氟化硫气体含量合格。严禁单独一人进入六氟化硫配电装置室内工作
9	六氟化硫配电装置发生大量泄漏等紧急情况时，人员应迅速撤离现场，市内应开启所有排风机进行排风

5.9 验收标准清单

验收标准清单见表 5-8。

表 5-8   验 收 标 准 清 单

序号	验收项目	验收标准	检查方式
		一、断路器外观验收	
1	外观检查	（1）断路器及构架、机构箱安装应牢靠,连接部位螺栓压接牢固，满足力矩要求，平垫、弹簧垫齐全、螺栓外露长度符合要求，用于法兰连接紧固的螺栓，紧固后螺纹一般应露出螺母 2～3 圈，各螺栓、螺纹连接件应按要求涂胶并紧固划标志线。 （2）采用垫片（厂家调节垫片除外）调节断路器水平的，支架或底架与基础的垫片不宜超过 3 片，总厚度不应大于 10mm，且各垫片间应焊接牢固。 （3）一次接线端子无松动、无开裂、无变形，表面镀层无破损。 （4）金属法兰与瓷件胶装部位黏合牢固，防水胶完好。 （5）均压环无变形，安装方向正确，排水孔无堵塞。 （6）断路器外观清洁无污损，油漆完整。 （7）电流互感器接线盒箱盖密封良好。 （8）设备基础无沉降、开裂、损坏	现场检查

序号	验收项目	验收标准	检查方式
2	铭牌	设备出厂铭牌齐全、参数正确	现场检查
3	相色	相色标志清晰正确	现场检查
4	封堵	所有电缆管（洞）口应封堵良好	现场检查
5	机构箱	（1）机构箱开合顺畅，密封胶条安装到位，应有效防止尘、雨、雪、小虫和动物的侵入。 （2）机构箱内无异物，无遗留工具和备件。 （3）机构箱内备用电缆芯应加有保护帽，二次线芯号头、电缆走向标示牌无缺失现象。 （4）各空气开关、熔断器、接触器等元器件标示齐全正确，可操作的二次元器件应有中文标志并齐全正确。 （5）机构箱内若配有通风设备，则应功能正常，若有通气孔，应确保形成对流	现场检查
6	防爆膜（如配置）	防爆膜检查应无异常,泄压通道通畅且不应朝向巡视通道	现场检查
二、极柱及瓷套管、复合套管验收			
7	外观检查	（1）瓷套管、复合套管表面清洁，无裂纹、无损伤。 （2）增爬伞裙完好，无塌陷变形，粘接界面牢固。 （3）防污闪涂料涂层完好，不应存在剥离、破损。极柱相间中心距离误差≤5mm	现场检查/ 资料检查
8	相间距	极柱相间中心距离误差≤5mm	现场检查/ 资料检查

序号	验收项目	验收标准	检查方式
		三、SF₆气体系统验收	
9	SF₆密度继电器	（1）户外安装的密度继电器应设置防雨罩，其应能将表、控制电缆接线端子一起放入，安装位置应方便巡视人员或智能机器人巡视观察。 （2）SF₆密度继电器与开关设备本体之间的连接方式应满足不拆卸校验密度继电器的要求；密度继电器应装设在与断路器本体同一运行环境温度的位置；断路器SF₆气体补气口位置尽量满足带电补气要求。 （3）充油型密度继电器无渗漏。 （4）具有远传功能的密度继电器，就地指示压力值应与监控后台一致。 （5）密度继电器报警、闭锁压力值应按制造厂规定整定，并能可靠上传信号及闭锁断路器操作	现场检查
10	SF₆气体压力	充入SF₆气体气压值满足制造厂规定	现场检查
11	SF₆气体管路阀系统	截止阀、逆止阀能可靠工作，投运前均已处于正确位置，截止阀应有清晰的关闭、开启方向及位置标示	现场检查
		四、操动机构验收	
12	操动机构通用验收要求	（1）操动机构固定牢靠。 （2）操动机构的零部件齐全，各转动部位应涂以适合当地气候条件的润滑脂。 （3）电动机固定应牢固，转向应正确。 （4）各种接触器、继电器、微动开关、压力开关、压力表、加热驱潮装置和辅助开关的动作应准确、可靠，接点应接触良好、无烧损或锈蚀。 （5）分、合闸线圈的铁芯动作灵活、无卡阻。 （6）压力表应经出厂检验合格，并有检验报告，压力表的电接点动作正确可靠。 （7）操动机构的缓冲器应经过调整；采用油缓冲器时，油位应正常，所采用的液压油应适应当地气候条件，且无渗漏	现场检查

序号	验收项目	验收标准	检查方式
13	弹簧机构	储能机构检查： （1）弹簧储能指示正确，弹簧机构储能接点能根据储能情况及断路器动作情况，可靠接通、断开。 （2）储能电机具有储能超时、过流、热偶等保护元件，并能可靠动作，打压超时整定时间应符合产品技术要求。 （3）储能电机应运行无异常、无异声。断开储能电机电源，手动储能能正常执行，手动储能与电动储能之间闭锁可靠。 （4）合闸弹簧储能时间应满足制造厂要求，合闸操作后一般应在20s（参考值）内完成储能，在85%～110%的额定电压下应能正常储能	现场检查
		弹簧机构检查： （1）弹簧机构应能可靠防止发生空合操作。 （2）合闸弹簧储能时，牵引杆的位置应符合产品技术文件。 （3）合闸弹簧储能完毕后，行程开关应能立即将电动机电源切除，合闸完毕，行程开关应将电动机电源接通，机构储能超时应上传报警信号。 （4）合闸弹簧储能后，牵引杆的下端或凸轮应与合闸锁扣可靠的联锁。 （5）分、合闸闭锁装置动作应灵活，复位应准确而迅速，并应开合可靠	现场检查
		弹簧机构其他验收项目： （1）传动链条无锈蚀、机构各转动部分应涂以适合当地气候条件的润滑脂。 （2）缓冲器缓冲行程符合制造厂规定。 （3）弹簧机构内轴销、卡簧等应齐全，螺栓应紧固，并画划线标记	现场检查

序号	验收项目	验收标准	检查方式
14	液压机构	液压机构验收： （1）液压油标号选择正确，适合设备运行地域环境要求，油位满足设备厂家要求，并应设置明显的油位观察窗，方便在运行状态检查油位情况。 （2）液压机构连接管路应清洁、无渗漏，压力表计指示正常且其安装位置应便于观察。 （3）油泵运转正常，无异常，欠压时能可靠启动，压力建立时间符合要求；若配有过电流保护元件，整定值应符合产品技术要求。 （4）液压系统油压不足时，机械、电气防止慢分装置应可靠工作。 （5）具备慢分、慢合操作条件的机构，在进行慢分、慢合操作时，工作缸活塞杆的运动应无卡阻现象，其行程应符合产品技术文件。 （6）液压机构电动机或油泵应能满足 60s 内从重合闸闭锁油压打压到额定油压和 5min 内从零压充到额定压力的要求；机构打压超时应报警，时间应符合产品技术要求。 （7）微动开关、接触器的动作应准确可靠、接触良好；电接点压力表、安全阀、压力释放器应经检验合格，动作可靠，关闭应严密。 （8）联动闭锁压力值应按产品技术文件要求予以整定，液压回路压力不足时能按设定值可靠报警或闭锁断路器操作，并上传信号。 （9）液压机构 24h 内保压试验无异常，24h 压力泄漏量满足产品技术文件要求，频繁打压时能可靠上传报警信号	现场检查
		液压机构储能装置验收： （1）采用氮气储能的机构，储压筒的预充氮气压力，应符合产品技术文件要求，测量时应记录环境温度；补充的氮气应采用微水含量小于 $5\mu L/L$ 的高纯氮气作为气源。 （2）储压筒应有足够的容量，在降压至闭锁压力前应能进行"分—0.3s—合分"或"合分—3min—合分"的操作。 （3）对于设有漏氮报警装置的储压器，需检查漏氮报警装置功能可靠	现场检查

序号	验收项目	验收标准	检查方式
15	断路器操作及位置指示	断路器及其操动机构操作正常、无卡涩，储能标志、分、合闸标志及动作指示正确，便于观察	现场检查
16	就地/远方切换	断路器远方、就地操作功能切换正常	现场检查
17	辅助开关	（1）断路器辅助开关切换时间与断路器主触头动作时间配合良好，接触良好，接点无电弧烧损。 （2）辅助开关应安装牢固，应能防止因多次操作松动变位。 （3）辅助开关应转换灵活、切换可靠、性能稳定。 （4）辅助开关与机构间的连接应松紧适当、转换灵活，并应能满足通电时间的要求；连接锁紧螺帽应拧紧，并应采取放松措施	现场检查
18	防跳回路	就地、远方操作时，防跳回路均能可靠工作，在模拟手合于故障条件下断路器不会发生跳跃现象	现场检查
19	非全相装置	三相非联动断路器缺相运行时，所配置非全相装置能可靠动作，时间继电器经校验合格且动作时间满足整定值要求；带有试验按钮的非全相保护继电器应有警示标志	现场检查
20	动作计数器	断路器应装设不可复归的动作计数器，其位置应便于读数，分相操作的断路器应分相装设	现场检查
五、接地验收			
21	断路器设备	断路器接地采用双引下线接地，接地铜排、镀锌扁钢截面积满足设计要求。接地引下线应有专用的色标；紧固螺钉或螺栓应使用热镀锌工艺，其直径应不小于 12mm，接地引下线无锈蚀、损伤、变形。与接地网连接部位其搭接长度及焊接处理符合要求：扁钢（截面不小于 100mm²）为其宽度的 2 倍且至少 3 个棱边焊接；圆钢（直径不小于 8mm）为其直径的 6 倍，详见 GB 50169—2016；焊接处应做防腐处理	现场检查

序号	验收项目	验收标准	检查方式
22	机构箱	机构箱接地良好，有专用的色标，螺栓压接紧固；箱门与箱体之间的接地连接铜线截面不小于 4mm²	现场检查
23	控制电缆	（1）由断路器本体机构箱至就地端子箱之间的二次电缆的屏蔽层应在就地端子箱处可靠连接至等电位接地网的铜排上，在本体机构箱内不接地。 （2）二次电缆绝缘层无变色、老化、损坏	现场检查
六、其他验收				
24	加热、驱潮装置	断路器机构箱、汇控柜中应有完善的加热、驱潮装置，并根据温湿度自动控制，必要时也能进行手动投切，其设定值满足安装地点环境要求	现场检查
		机构箱、汇控柜内所有的加热元件应是非暴露型的；加热驱潮装置及控制元件的绝缘应良好，加热器与各元件、电缆及电线的距离应大于 80mm；加热驱潮装置电源与电机电源要分开	
25	照明装置	断路器机构箱、汇控柜应装设照明装置，且工作正常	现场检查
26	一次引线	（1）引线无散股、扭曲、断股现象。引线对地和相间符合电气安全距离要求，引线松紧适当，无明显松过紧现象，导线的弧垂须满足设计规范。 （2）铝设备线夹，在可能出现冰冻的地区朝上 30°～90° 安装时，应设置滴水孔。 （3）设备线夹连接宜采用热镀锌螺栓。 （4）设备线夹与压线板是不同材质时，应采用面间过渡安装方式而不应使用铜铝对接过渡线夹	现场检查
七、交接试验验收				
27	交接试验	验结果符合《电气装置安装工程　电气设备交接试验标准》（GB 50150—2016）；《10～500kV 输变电设备交接试验规程》（Q/GDW 11447—2015）的要求	旁站见证/资料检查

序号	验收项目	验收标准	检查方式
八、资料验收			
28	订货合同、技术协议	资料齐全	资料检查
29	安装使用说明书，装箱清单、图纸、维护手册等技术文件	资料齐全	资料检查
30	重要材料和附件的工厂检验报告和出厂试验报告	资料齐全、数据合格	资料检查
31	出厂试验报告	资料齐全，数据合格	资料检查
32	安装检查及安装过程记录	记录齐全，数据合格	资料检查
33	安装过程中设备缺陷通知单、设备缺陷处理记录	记录齐全	资料检查
34	交接试验报告	项目齐全，数据合格	资料检查
35	安装质量检验及评定报告	项目齐全、质量合格	资料检查
36	备品、备件、专用工具及测试仪器清单	资料齐全	资料检查

5.10　启动送电前检查清单

启动送电前检查清单见表 5-9。

表 5-9　　　　　　　　　　　　　　　　启动送电前检查清单

序号	检查项目	检查结论	责任主体
1	SF$_6$阀门是否均在打开位置，气压是否正常。 断路器：MPa 其他：MPa		设备厂家、施工单位、运检单位、监理单位、业主单位
2	断路器机构箱内无杂物，闭锁销已全部拆除		设备厂家、施工单位、运检单位、监理单位、业主单位
3	本体、机构、导流排接地，接地可靠，导通正确		设备厂家、施工单位、运检单位、监理单位、业主单位
4	铁丝等遗物已清理		设备厂家、施工单位、运检单位、监理单位、业主单位
5	如有电流互感器需进行互感器二次回路检查：除测量点外的其他 TA 回路连片恢复并拧紧，测量 TA 的直阻值正确，填写附件 TA 回路检查表。测量完毕，检查 TA 回路抽头使用正确，接地线位置正确，TA 连片已恢复并拧紧		设备厂家、施工单位、运检单位、监理单位、业主单位
6	机构箱内空气开关、把手处于运行前正常位置		设备厂家、施工单位、运检单位、监理单位、业主单位

6 隔离开关安装

本章适用于 35～750kV 的隔离开关。

6.1 隔离开关安装工艺流程

隔离开关安装工艺流程如图 6−1 所示。

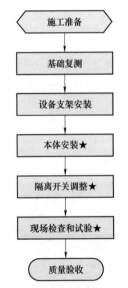

施工准备

基础复测

设备支架安装

本体安装★

隔离开关调整★

现场检查和试验★

质量验收

图 6−1 隔离开关安装工艺流程

6.2 安装准备清单

安装准备清单见表 6-1。

表 6-1 安 装 准 备 清 单

序号	类型	要求
1	人员	（1）安装单位组织管理人员、技术人员、施工人员及制造厂人员到位并熟悉现场及设备情况。 （2）相关人员上岗前，应根据设备的安装特点由制造厂向安装单位进行产品技术要求交底；安装单位对作业人员进行专业培训及安全技术交底。 （3）制造厂人员应服从现场各项管理制度，制造厂人员进场前应将人员名单及负责人信息报监理备案。 （4）特殊工种作业人员应持证上岗
2	机具	（1）施工机械进场就位，工器具配备齐全、状态良好，测量仪器检定合格。 （2）吊车及吊具的选择已经按吊装重量最大、工作幅度最大的情况进行了吊装计算，参数选择符合要求。起重机械证件齐全、安全装置完好，并完成报审。 （3）安全工器具数量、种类满足使用需求，检验合格，标识齐全，在有效期内
3	材料	所需安装材料准备齐全充足，检验合格并报审
4	施工方案	"隔离开关安装施工方案"编审批完成，并对参与安装作业的全体施工人员进行安全技术交底
5	施工环境	现场安装工作应在环境温度-5～40℃、无风沙、无雨雪
6	设计图纸	相关施工图纸已完成图纸会检，生产厂家图纸、技术资料已齐全
7	施工单位与厂家职责分工	安装前，厂家应提供安装工艺设计，并向有关人员进行交底

6.3 安装质量控制要点清单

安装质量控制要点清单见表 6-2。

表 6-2 安装质量控制要点清单

序号	关键工序验收项目		质量要求	检查方式	备注
1	到货验收	外观检查	（1）按照运输单清点，检查运输箱外观应无损伤和碰撞变形痕迹。 （2）各部件无损坏	现场检查	
		开箱检查	（1）产品技术文件应齐全；到货设备、附件、备品备件应与装箱单一致；核对设备型号、规格应与设计图纸相符。 （2）设备应无损伤变形和锈蚀、涂层完好。 （3）镀锌设备支架应无变形、镀锌层完好、无锈蚀、无脱落、色样一致。 （4）瓷质绝缘子应无裂纹和破损，复合绝缘子无损伤。瓷质与金属法兰胶装部位牢固密实，法兰结合面应平整、无外伤或铸造砂眼；并涂有性能良好的防水胶。 （5）导电部分软连接应无折损，接线端子（或触头）镀银层应完好。 （6）箱门与箱体间接地连接应安装良好，接地连接铜线截面积不小于 $4mm^2$。 （7）手动操作把手应合格、完好	现场检查	
		图纸	（1）外形图。 （2）基础安装图。 （3）二次原理图及接线图	资料检查	
		技术资料	（1）隔离开关出厂试验报告。 （2）隔离开关型式试验和特殊试验报告及合格证。 （3）组部件试验报告。 （4）主要材料检验报告。 （5）安装使用说明书	资料检查	

序号	关键工序验收项目		质量要求	检查方式	备注
2	整体安装	支架及接地安装	（1）隔离开关及构架、机构箱安装应牢靠，连接部位螺栓压接牢固，满足力矩要求，平垫、弹簧垫齐全、螺栓外露长度符合要求，用于法兰连接紧固的螺栓，紧固后螺纹一般应露出螺母 2～3 圈，各螺栓、螺纹连接件应按要求涂胶并紧固划标志线。 （2）采用垫片安装（厂家调节垫片除外）调节隔离开关水平的，支架或底架与基础的垫片不宜超过 3 片，总厚度不应大于 10mm，且各垫片间应焊接牢固。 （3）底座与支架、支架与主地网的连接应满足设计要求，接地应牢固可靠，紧固螺钉或螺栓的直径应不小于 12mm。 （4）接地引下线无锈蚀、损伤、变形；接地引下线应有专用的色标标志。 （5）一般铜质软连接的截面积不小于 50mm²。 （6）隔离开关构支架应有两点与主地网连接，接地引下线规格满足设计规范，连接牢固。 （7）架构底部的排水孔设置合理，满足要求	现场检查/资料检查	
		绝缘子安装	（1）清洁，无裂纹，无掉瓷，爬电比距符合污秽等级要求。 （2）金属法兰、连接螺栓无锈蚀、无表层脱落现象。 （3）金属法兰与瓷件的胶装部位涂以性能良好的防水密封胶，胶装后露砂高度 10～20mm 且不得小于 10mm。 （4）逐个进行绝缘子超声波探伤，探伤结果合格。 （5）有特殊要求不满足防污闪要求的，瓷质绝缘子喷涂防污闪涂层，应采用差色喷涂工艺，涂层厚度不小于 2mm，无破损、起皮、开裂等情况。增爬伞裙无塌陷变形，表面牢固	现场检查/资料检查	

序号	关键工序 验收项目		质量要求	检查方式	备注
2	整体安装	联锁装置	（1）隔离开关与其所配的接地开关间有可靠的机械闭锁和电气闭锁措施。 （2）具有电动操动机构的隔离开关与其配用的接地开关之间应有可靠的电气联锁。 （3）机构把手上应设置机械五防锁具的锁孔，锁具无锈蚀、变形现象。 （4）对于超B类接地开关，线路侧接地开关、接地开关辅助灭弧装置、接地侧接地开关，三者之间电气互锁正常。 （5）操作机构电动和手动操作转换时，应有相应的闭锁	现场检查 资料检查	
		隔离开关安装要求	（1）隔离开关、接地开关导电管应合理设置排水孔，确保在分、合闸位置内部均不积水。垂直传动连杆应有防止积水的措施，水平传动连杆端部应密封。 （2）传动连杆应采用装配式结构，不应在施工现场进行切焊配装。连杆应选用满足强度和刚度要求的热镀锌无缝钢管，无扭曲、变形、开裂。 （3）检查传动摩擦部位磨损情况，补充适合当地条件的润滑脂。 （4）单柱垂直伸缩式在合闸位置时，驱动拐臂应过死点。 （5）定位螺钉应按产品的技术要求进行调整，并加以固定。 （6）均压环无变形，安装方向正确，与本体连接良好，安装应牢固、平正，不得影响接线板的接线；安装在环境温度零度及以下地区或500kV以上的均压环，应在均压环最低处打排水孔，排水孔位置、孔径应合理。 （7）检查破冰装置应完好。 （8）设备出厂铭牌齐全、运行编号、相序标志清晰可识别	现场检查 资料检查	

序号	关键工序验收项目		质量要求	检查方式	备注
2	整体安装	机构箱安装	（1）机构箱密封良好，无变形、水迹、异物，密封条良好，门把手完好。 （2）二次接线布置整齐，无松动、损坏，二次电缆绝缘层无损坏现象，二次接线排列整齐，接头牢固、无松动，编号清楚。 （3）箱内端子排、继电器、辅助开关等无锈蚀。 （4）由隔离开关本体机构箱至就地端子箱之间的二次电缆的屏蔽层应在就地端子箱处可靠连接至等电位接地网的铜排上。 （5）操作电动机"电动/手动"切换把手外观无异常，"远方/就地""合闸/分闸"把手外观无异常，操作功能正常，手动、电动操作正常。 （6）机构箱内加热驱潮装置、照明装置工作正常。加热驱潮装置能按照设定温度自动投退	现场检查 资料检查 留取影像	
3	其他	一次引线安装	（1）引线无散股、扭曲、断股现象。引线对地和相间符合电气安全距离要求，引线松紧适当，无明显过松过紧现象，导线的弧垂须满足设计规范。 （2）压接式铝设备线夹，安装角度朝上 30°～90° 安装时，应设置排水孔。 （3）设备线夹压接应采用热镀锌螺栓，采用双螺母或蝶形垫片等防松措施。 （4）设备线夹与压线板是不同材质时，不应使用对接式铜铝过渡线夹		
4	交接试验	瓷套、复合绝缘子	使用 2500V 绝缘电阻表测量，绝缘电阻不应低于 1000MΩ	现场检查 资料检查 过程见证 留取影像	
			交流耐压试验可随断路器设备一起进行		
		导电回路电阻值测量	（1）采用电流不小于 100A 的直流压降法。 （2）测试结果，不应大于出厂值的 1.2 倍。 （3）导电回路应对含接线端子的导电回路进行测量。 （4）有条件时测量触头夹紧压力		

序号	关键工序验收项目	质量要求		检查方式	备注
4	交接试验	控制及辅助回路的工频耐压试验	隔离开关（接地开关）操动机构辅助和控制回路绝缘交接试验应采用2500V绝缘电阻表，绝缘电阻应大于10MΩ	现场检查资料检查过程见证留取影像	
		瓷柱探伤试验	（1）252kV隔离开关、接地开关绝缘子应在设备安装完好并完成所有的连接后逐支进行超声探伤检测。 （2）逐个进行绝缘子超声波探伤，探伤结果合格		

6.4 标 准 工 艺 清 单

标准工艺清单见表6-3。

表6-3　　　　　　　　　　　　　标 准 工 艺 清 单

序号	工艺标准	图例
1	钢管支架基础杯底标高允许偏差：10～0mm。支架柱轴线偏差≤5mm，标高偏差≤5mm，垂直度偏差≤5mm，顶面水平度偏差≤2mm/m	
2	采用预埋螺栓与基础连接时，螺栓上部要求采用热镀锌形式，预埋螺栓中心线误差≤2mm，全站内同类型隔离开关预埋螺栓顶面标高应一致	

序号	工艺标准	图例
3	设备底座连接螺栓应紧固，同相绝缘子支柱中心线应在同一垂直平面内，同组隔离开关应在同一直线上，偏差≤5mm	
4	接线端子应清洁、平整。导电部分的软连接需可靠，无折损	
5	拐臂等传动部分应涂适合当地气候条件的润滑脂	
6	操动机构安装牢固，固定支架工艺美观，机构轴线与底座轴线重合，偏差≤1mm，同一轴线上的操动机构安装位置应一致	
7	电缆排列整齐、美观，固定与防护措施可靠	
8	设备底座及机构箱接地牢固，导通良好	

序号	工艺标准	图例
9	均压环安装应无划痕、毛刺，安装牢固、平整、无变形，底部最低处应打不大于 8mm 的泄水孔	
10	隔离开关机构箱、支架应可靠接地，设备底座与支架应用导体可靠连接	
11	隔离开关垂直连杆应采用截面不小于 $50mm^2$ 的软铜线（厂家提供）跨接可靠接地，接地开关垂直连杆应做黑色标识	

6.5　质量通病防治措施清单

质量通病防治措施清单见表6-4。

表6-4　　　　　　　　　　　　　　　　　　　质量通病防治措施清单

序号	质量通病	防治措施	图例
1	隔离开关底座与设备支架之间未做跨接，接地不可靠	（1）按照《电气装置安装工程　高压电器施工及验收规范》（GB 50147—2010）第8.3.1条规定"隔离开关底座应接地可靠"。 （2）按照《国家电网公司输变电工程标准工艺（三）工艺标准库（2016年版）》隔离开关安装（0102030202）要求"隔离开关底座与支架应用导体可靠连接，确保接地可靠"	

序号	质量通病	防治措施	图例
2	隔离开关机构垂直连杆未接地	按照《电气装置安装工程 高压电器施工及验收规范》（GB 50147—2010）第 8.3.1 条规定"隔离开关垂直连杆应接地可靠"	

6.6 强制性条文清单

强制性条文清单见表 6-5。

表 6-5   强 制 性 条 文 清 单

规程名	条款号	强制性条文
GB 50169—2016《电气装置安装工程 接地装置施工及验收规范》	3.0.4	电气装置的下列金属部分，均必须接地： （1）电气设备的金属底座、框架及外壳和传动装置。 （2）携带式移动式用电器具的金属底座和外壳。 （3）箱式变电站的金属箱体。

续表

规程名	条款号	强制性条文
GB 50169—2016《电气装置安装工程 接地装置施工及验收规范》	3.0.4	（4）互感器的二次绕组。 （5）配电、控制、保护用的（柜、箱）及操作台的金属框架和底座。 （6）电力电缆的金属护层、接头盒、终端头和金属保护管及二次电缆的屏蔽层。 （7）电缆桥架、支架和井架。 （8）变电站（换流站）构、支架。 （9）架空地线或电气设备的电力线路杆塔。 （10）配电装置的金属遮栏。 （11）电热设备的金属外壳

6.7 十八项电网重大反事故措施清单

十八项电网重大反事故措施清单见表6-6。

表6-6   十八项电网重大反事故措施清单

序号	条款号	条款内容	控制阶段
1	12.3.1.1	风沙活动严重、严寒、重污秽、多风地区以及采用悬吊式管形母线的变电站，不宜选用配钳夹式触头的单臂伸缩式隔离开关	
2	12.3.1.2	隔离开关主触头镀银层厚度应不小于20μm，硬度应不小于120HV，并开展镀层结合力抽检。出厂试验应进行金属镀层检测。导电回路不同金属接触应采取镀银、搪锡等有效过渡措施	设计制造阶段
3	12.3.1.3	隔离开关宜采用外压式或自力式触头，触头弹簧应进行防腐、防锈处理。内拉式触头应采用可靠绝缘措施以防止弹簧分流	

序号	条款号	条款内容	控制阶段
4	12.3.1.4	上下导电臂之间的中间接头、导电臂与导电底座之间应采用叠片式软导电带连接，叠片式铝制软导电带应有不锈钢片保护	
5	12.3.1.5	隔离开关和接地开关的不锈钢部件禁止采用铸造件，铸铝合金传动部件禁止采用砂型铸造。隔离开关和接地开关用于传动的空心管材应有疏水通道	
6	12.3.1.6	配钳夹式触头的单臂伸缩式隔离开关导电臂应采用全密封结构。传动配合部件应具有可靠的自润滑措施，禁止不同金属材料直接接触。轴承座应采用全密封结构。断路器分、合闸控制回路的端子间应有端子隔开，采取其他有效防误动措施	
7	12.3.1.7	隔离开关应具备防止自动分闸的结构设计	设计制造阶段
8	12.3.1.8	隔离开关和接地开关应在生产厂家内进行整台组装和出厂试验。需拆装发运的设备应按相、按柱做好标记，其连接部位应做好特殊标记	
9	12.3.1.9	隔离开关、接地开关导电臂及底座等位置应采取能防止鸟类筑巢的结构	
10	12.3.1.10	瓷绝缘子应采用高强瓷。瓷绝缘子金属附件应采用上砂水泥胶装。瓷绝缘子出厂前，应在绝缘子金属法兰与瓷件的胶装部位涂以性能良好的防水密封胶。瓷绝缘子出厂前应进行逐只无损探伤	
11	12.3.1.11	隔离开关与其所配装的接地开关之间应有可靠的机械联锁，机械联锁应有足够的强度。发生电动或手动误操作时，设备应可靠联锁	
12	12.3.1.12	操动机构内应装设一套能可靠切断电动机电源的过载保护装置。电机电源消失时，控制回路应解除自保持	
13	12.3.2.1	新安装的隔离开关必须进行导电回路电阻测试。交接试验值应不大于出厂试验值的 1.2 倍。除对隔离开关自身导电回路进行电阻测试外，还应对包含电气连接端子的导电回路电阻进行测试	基建阶段
14	12.3.2.2	252kV 及以上隔离开关安装后应对绝缘子逐支探伤	

6.8 安全管控风险点及控制措施

安全管控风险点及控制措施见表6-7。

表6-7 安全管控风险点及控制措施

序号	安全管控风险点及控制措施
1	隔离开关、闸刀型开关的刀闸处在断开位置时不得搬运开关设备
2	隔离开关采用三相组合吊装时，应检查确认框架强度符合起吊要求
3	隔离开关安装时，在隔离开关刀刃及动触头横梁范围内不得有人工作。必要时应在开关可靠闭锁后可进行工作

6.9 验 收 标 准 清 单

验收标准清单见表6-8。

表6-8 验 收 标 准 清 单

序号	验收项目	验收标准	检查方式
		一、断路器外观验收	
1	整体外观	（1）操动机构、传动装置、辅助开关及闭锁装置应安装牢固、动作灵活可靠、位置指示正确，各元件功能标志正确，引线固定牢固，设备线夹应有排水孔。 （2）三相联动的隔离开关、接地开关触头接触时，同期数值应符合产品技术文件要求，最大值不得超过20mm。 （3）相间距离及分闸时触头打开角度和距离，应符合产品技术文件要求。 （4）触头接触应紧密良好，接触尺寸应符合产品技术文件要求。导电接触检查可用0.05mm×10mm 的塞尺进行检查。对于线接触应塞不进去，对于面接触其塞入深度：在接触表面宽度为50mm 及以下时不应超过4mm，在接触表面宽度为60mm 及以上时不应超过6mm。	现场检查/现场抽查

序号	验收项目	验收标准	检查方式
1	整体外观	（5）隔离开关分合闸限位应正确。 （6）垂直连杆应无扭曲变形。 （7）螺栓紧固力矩应达到产品技术文件和相关标准要求。 （8）油漆应完整、相色标志正确，设备应清洁。 （9）隔离开关、接地开关底座与垂直连杆、接地端子及操动机构箱应接地可靠，软连接导电带紧固良好，无断裂、损伤。 （10）220kV 及以上具有分相操作功能的隔离开关，位置节点要分相上送，机构操作电源应分开、独立	现场检查/现场抽查
2	支架及接地	（1）隔离开关及构架、机构箱安装应牢靠，连接部位螺栓压接牢固，满足力矩要求，平垫、弹簧垫齐全、螺栓外露长度符合要求，用于法兰连接紧固的螺栓，紧固后螺纹一般应露出螺母 2~3 圈，各螺栓、螺纹连接件应按要求涂胶并紧固划标志线。 （2）采用垫片安装（厂家调节垫片除外）调节隔离开关水平的，支架或底架与基础的垫片不宜超过 3 片，总厚度不应大于 10mm，且各垫片间应焊接牢固。 （3）底座与支架、支架与主地网的连接应满足设计要求，接地应牢固可靠，紧固螺钉或螺栓的直径应不小于 12mm。 （4）接地引下线无锈蚀、损伤、变形；接地引下线应有专用的色标标志。 （5）一般铜质软连接的截面积不小于 50mm²。 （6）隔离开关构支架应有两点与主地网连接，接地引下线规格满足设计规范，连接牢固。 （7）架构底部的排水孔设置合理，满足要求	现场检查/现场抽查/资料检查
3	绝缘子	（1）清洁，无裂纹，无掉瓷，爬电比距符合污秽等级要求。 （2）金属法兰、连接螺栓无锈蚀、无表层脱落现象。 （3）金属法兰与瓷件的胶装部位涂以性能良好的防水密封胶，胶装后露砂高度 10~20mm 且不得小于 10mm。 （4）逐个进行绝缘子超声波探伤，探伤结果合格。 （5）有特殊要求不满足防污闪要求的，瓷质绝缘子喷涂防污闪涂层，应采用差色喷涂工艺，涂层厚度不小于 2mm，无破损、起皮、开裂等情况；增爬伞裙无塌陷变形，表面牢固	现场检查/资料检查

序号	验收项目	验收标准	检查方式
4	安装要求	（1）隔离开关、接地开关导电管应合理设置排水孔，确保在分、合闸位置内部均不积水。垂直传动连杆应有防止积水的措施，水平传动连杆端部应密封。 （2）传动连杆应采用装配式结构，不应在施工现场进行切焊配装。连杆应选用满足强度和刚度要求的热镀锌无缝钢管，无扭曲、变形、开裂。 （3）检查传动摩擦部位磨损情况，补充适合当地条件的润滑脂。 （4）单柱垂直伸缩式在合闸位置时，驱动拐臂应过死点。 （5）定位螺钉应按产品的技术要求进行调整，并加以固定。 （6）均压环无变形，安装方向正确，与本体连接良好，安装应牢固、平正，不得影响接线板的接线；安装在环境温度零度及以下地区或 500kV 以上的均压环，应在均压环最低处打排水孔，排水孔位置、孔径应合理。 （7）检查破冰装置应完好。 （8）设备出厂铭牌齐全、运行编号、相序标志清晰可识别	现场检查
5	接触部位检查	（1）触头表面镀银层完整，无损伤，导电回路主触头镀银层厚度应不小于 20μm，硬度不小于 120HV；固定接触面均匀涂抹电力复合脂，接触良好。 （2）带有引弧装置的应动作可靠，不会影响隔离开关的正常分合	现场检查
二、本体二次部分验收			
6	机构箱检查	（1）机构箱密封良好，无变形、水迹、异物，密封条良好，门把手完好。 （2）二次接线布置整齐，无松动、损坏，二次电缆绝缘层无损坏现象，二次接线排列整齐，接头牢固、无松动，编号清楚。 （3）箱内端子排、继电器、辅助开关等无锈蚀。 （4）由隔离开关本体机构箱至就地端子箱之间的二次电缆的屏蔽层应在就地端子箱处可靠连接至等电位接地网的铜排上。 （5）操作电动机"电动/手动"切换把手外观无异常，"远方/就地""合闸/分闸"把手外观无异常，操作功能正常，手动、电动操作正常。 （6）机构箱内加热驱潮装置、照明装置工作正常。加热驱潮装置能按照设定温度自动投退	现场检查

序号	验收项目	验收标准	检查方式
7	联锁装置	（1）隔离开关与其所配的接地开关间有可靠的机械闭锁和电气闭锁措施。 （2）具有电动操动机构的隔离开关与其配用的接地开关之间应有可靠的电气联锁。 （3）机构把手上应设置机械五防锁具的锁孔，锁具无锈蚀、变形现象。 （4）对于超 B 类接地开关，线路侧接地开关、接地开关辅助灭弧装置、接地侧接地开关，三者之间电气互锁正常。 （5）操作机构电动和手动操作转换时，应有相应的闭锁	现场检查/ 资料检查
8	辅助开关	辅助开关动作灵活可靠，位置正确，信号上传正确	现场检查
三、其他验收			
9	一次引线	（1）引线无散股、扭曲、断股现象。引线对地和相间符合电气安全距离要求，引线松紧适当，无明显过松过紧现象，导线的弧垂须满足设计规范。 （2）铝设备线夹，在可能出现冰冻的地区朝上 30°～90°安装时，应设置滴水孔。 （3）设备线夹连接宜采用热镀锌螺栓。 （4）设备线夹与压线板是不同材质时，应采用面间过渡安装方式而不应使用铜铝对接过渡线夹	现场检查
10	加热、驱潮装置	断路器机构箱、汇控柜中应有完善的加热、驱潮装置，并根据温湿度自动控制，必要时也能进行手动投切，其设定值满足安装地点环境要求	现场检查
		机构箱、汇控柜内所有的加热元件应是非暴露型的；加热驱潮装置及控制元件的绝缘应良好，加热器与各元件、电缆及电线的距离应大于 80mm；加热驱潮装置电源与电机电源要分开	
11	照明装置	断路器机构箱、汇控柜应装设照明装置，且工作正常	现场检查
四、交接试验验收			
12	交接试验	验结果符合《电气装置安装工程　电气设备交接试验标准》（GB 50150—2016）；《10kV～500kV 输变电设备交接试验规程》（Q/GDW 11447—2015）的要求	旁站见证/ 资料检查

续表

序号	验收项目	验收标准	检查方式
五、资料验收			
13	订货合同、技术协议	资料齐全	资料检查
14	安装使用说明书，装箱清单、图纸、维护手册等技术文件	资料齐全	资料检查
15	重要材料和附件的工厂检验报告和出厂试验报告	资料齐全、数据合格	资料检查
16	出厂试验报告	资料齐全，数据合格	资料检查
17	安装检查及安装过程记录	记录齐全，数据合格	资料检查
18	安装过程中设备缺陷通知单、设备缺陷处理记录	记录齐全	资料检查
19	交接试验报告	项目齐全，数据合格	资料检查
20	安装质量检验及评定报告	项目齐全、质量合格	资料检查
21	备品、备件、专用工具及测试仪器清单	资料齐全	资料检查

6.10　启动送电前检查清单

启动送电前检查清单见表 6-9。

表 6-9　　　　　　　　　　　　　　　　启动送电前检查清单

序号	检查项目	检查结论	责任主体
1	隔离开关机构箱内无杂物，闭锁销已全部拆除		设备厂家、施工单位、运检单位、监理单位、业主单位
2	本体、机构、导流排接地，接地可靠，导通正确		设备厂家、施工单位、运检单位、监理单位、业主单位
3	铁丝等遗物已清理		设备厂家、施工单位、运检单位、监理单位、业主单位
4	机构箱内空气开关、把手处于运行前正常位置		设备厂家、施工单位、运检单位、监理单位、业主单位

7　站用变压器安装

本章适用于 10～35kV 的干式站用变压器（接地变压器）安装。

7.1　干式站用变压器（接地变压器）安装工艺流程

干式站用变压器（接地变压器）安装工艺流程如图 7-1 所示。

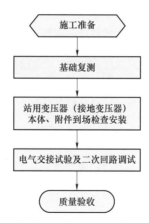

图 7-1　干式站用变压器（接地变压器）安装工艺流程

7.2 安装准备清单

安装准备清单见表 7-1。

表 7-1

安装准备清单

序号	类型	要求
1	人员	（1）安装单位组织管理人员、技术人员、施工人员及制造厂人员到位并熟悉现场及设备情况。 （2）相关人员上岗前，应根据设备的安装特点由制造厂向安装单位进行产品技术要求交底；安装单位对作业人员进行专业培训及安全技术交底。 （3）制造厂人员应服从现场各项管理制度，制造厂人员进场前应将人员名单及负责人信息报监理备案。 （4）特殊工种作业人员应持证上岗
2	机具	（1）施工机械进场就位，工器具配备齐全、状态良好，测量仪器检定合格。 （2）吊车及吊具的选择已经按吊装重量最大、工作幅度最大的情况进行了吊装计算，参数选择符合要求。起重机械证件齐全、安全装置完好，并完成报审。 （3）安全工器具数量、种类满足使用需求，检验合格，标识齐全，在有效期内
3	材料	所需安装材料准备齐全充足，检验合格并报审
4	施工方案	施工方案编审批完成，并对参与安装作业的全体施工人员进行安全技术交底；交流耐压前完成耐压试验方案编审批，并对参与安装作业的全体施工人员进行安全技术交底
5	施工环境	（1）户内站用变压器（接地变压器）安装的房间内装修工作应完成，门窗孔洞封堵完成，房间内清洁，通风良好。 （2）站用变压器（接地变压器）基础强度达到设计要求，已完成土建交付电气验收。周围场地已硬化，并有钢制护栏隔离。 （3）现场安装工作应在环境温度-5～40℃、无风沙、无雨雪环境中进行。应连续动态检测并记录，合格后方可开展工作
6	设计图纸	相关施工图纸已完成图纸会检，生产厂家图纸、技术资料已齐全
7	施工单位与厂家职责分工	安装前，厂家应提供安装工艺设计，并向有关人员进行交底

7.3 安装质量控制要点清单

安装质量控制要点清单见表 7-2。

表 7-2 安装质量控制要点清单

序号	关键工序验收项目		质量要求	检查方式	备注
1	本体到货验收	图纸及技术资料	（1）外形尺寸图。 （2）附件外形尺寸图。 （3）绝缘件等的检验报告；制造厂家对外购元件绝缘电阻等项目的测试报告	现场检查 资料检查	
		导体检查	导体应无损伤、划痕，表面镀银层完好无脱落，电阻值符合产品技术文件要求	现场检查 过程见证	
2	基础复测		基础轴线偏移量和基础杯底标高偏差应在规范允许范围内，依据设计图纸复测预埋件位置偏差。基础（预埋件）中心位移≤5mm，水平度误差≤2mm	现场检查	
3	设备安装		（1）应根据现场实际情况对站用变压器（接地变压器）本体进行就位。就位后，应根据图纸中要求及时固定。 （2）应对铁芯及夹件绝缘进行测试，试验结果应符合相关规定。本体接地端子、铁芯、夹件应尽快与接地网相连。 （3）站用变压器（接地变压器）本体应两点接地，与主接地网的不同干线连接		

7.4 标 准 工 艺 清 单

标准工艺清单见表 7-3。

表 7-3   标 准 工 艺 清 单

序号	工艺标准	图例
1	本体固定牢固、可靠，防松件齐全、完好，接地牢固，导通良好。附件齐全，安装正确，功能正常	
2	高、低压出线引出端子与电缆终端连接可靠，并且不应承受额外的应力，裸导体相间及对地距离符合要求	

序号	工艺标准	图例
3	线圈绝缘筒内部应清洁，无杂物，外部面漆无剐蹭痕迹，线圈与底部固定件及顶部铁芯、夹件固定螺栓应紧固，无松动现象。高、低压侧引出接线端子与绕组之间无裂纹痕迹，相色标识完整	
4	底部槽钢件与预埋件焊接，底座两侧与接地网两处可靠连接，低压侧中性点与主接地网直接相连，本体引出的其他接地端子就近与主网连接。铁芯一点接地，本体及外壳接地牢固可靠、导通良好	
5	对带有防护外壳的站用变压器门应加装机械锁或电磁锁	

续表

序号	工艺标准	图例
6	有防振垫的干式变压器底座应做好跨接并可靠接地	（图）
7	室内安装在网门内的干式变压器，如低压侧负荷开关手动操动机构设置在网门上，需可靠直接接地，严禁通过网门跨接接地	（图）

7.5　强制性条文清单

强制性条文清单见表7-4。

表 7-4　　　　　　　　　　强 制 性 条 文 清 单

规程名	条款号	强制性条文
GB 50169—2016《电气装置安装工程接地装置施工及验收规范》	3.0.4	电气装置的下列金属部分，均必须接地： 1　电气设备的金属底座、框架及外壳和传动装置。 2　携带式移动式用电器具的金属底座和外壳。 3　箱式变电站的金属箱体。 4　互感器的二次绕组。 5　配电、控制、保护用的（柜、箱）及操作台的金属框架和底座。 6　电力电缆的金属护层、接头盒、终端头和金属保护管及二次电缆的屏蔽层。 7　电缆桥架、支架和井架。 8　变电站（换流站）构、支架。 9　架空地线或电气设备的电力线路杆塔。 10　配电装置的金属遮栏。 11　电热设备的金属外壳

7.6　十八项电网重大反事故措施清单

十八项电网重大反事故措施清单见表 7-5。

表 7-5　　　　　　　　　　十八项电网重大反事故措施清单

序号	条款号	十八项电网重大反事故措施
1	5.2.1.6	新投运变电站不同站用变压器低压侧至站用电屏的电缆应尽量避免同沟敷设，对无法避免的，则应采取防火隔离措施
2	5.2.1.7	干式变压器作为站用变压器使用时，不宜采用户外布置
3	5.2.1.12	站用交流电系统进线端（或站用变低压出线侧）应设可操作的熔断器或隔离开关
4	12.4.1.17	新建变电站的站用变压器、接地变压器不应布置在开关柜内或紧靠开关柜布置，避免其故障时影响开关柜运行

7.7 安全管控风险点及控制措施

安全管控风险点及控制措施见表 7-6。

表 7-6 安全管控风险点及控制措施

序号	安全管控风险点及控制措施
1	站用变压器（接地变压器）及附属设备安装须填写"施工作业票"。施工前由技术负责人对全体参加施工的作业人员进行安全技术交底，指明作业过程中的危险点和风险，接受交底人员须在交底记录上签字确认
2	技术人员应根据站用变压器（接地变压器）附件及附属设备的单体重量配备吊车、吊绳，并计算出吊绳的长度及夹角、起吊时吊臂的角度及吊臂伸展长度，同时还要考虑吊车的回转半径和起吊高度。吊车安全检验合格证、行驶证及驾驶员操作证齐全，证件应在有效期内。起吊时应设专人指挥，指挥信号应明确，指挥和操作人员不得擅自离开工作岗位
3	施工期间应及时关注天气预报
4	按作业项目区域定置平面图要求进行施工作业现场布置。施工场地必须清洁，并在其施工范围内搭设临时围栏，与其他施工场地隔开，并设置警示标志
5	安全监护人开工前向全体工作人员交代安全措施和注意事项，技术负责人、安全监护人、作业负责人始终在现场负责施工全过程指导监督
6	检查所有工器具，尤其是吊装用具必须符合安全要求
7	开箱检查和运输吊装时应注意防止碰坏瓷件
8	进入现场人员必须衣着整齐、正确戴安全帽；作业人员必须经安全考试合格方可上岗
9	高压试验时，试验现场悬挂"止步、高压危险！"的标识牌

7.8　验收标准清单

验收标准清单见表7-7。

表 7-7   验收标准清单

序号	验收项目	验收标准	检查方式
一、本体外观验收			
1	外观检查	（1）表面干净无脱漆锈蚀，无变形，标识正确、完整，清晰可识别。 （2）绝缘子外观光滑无裂纹、铁芯和金属件应有防腐蚀的保护层、铁芯无多点接地，标识正确、完整，清晰可识别	现场检查
2	铭牌	设备出厂铭牌齐全、参数正确	现场检查
3	相序	相序标志清晰正确	现场检查
4	标识牌	设备双重名称标识牌齐全、正确	现场检查
二、组部件验收			
5	无载分接开关	应顶盖、操作机构档位指示一致，操作灵活，切换正确，机械操作闭锁可靠	现场检查
6	有载分接开关	（1）操动机构档位指示、分接开关本体分接位置指示、监控系统上分接开关分接位置指示应一致。 （2）联锁、限位、连接校验正确，操作可靠。 （3）远方、就地及手动、电动均进行操作检查。 （4）切换装置的工作顺序应符合制造厂家规定，正、反两个方向操作至分接开关动作时的圈数误差应符合制造厂家规定	现场检查
7	测温装置	现场就地温度计指示的温度与远方显示的温度应基本保持一致，误差不超过5℃，温度计刻板指示清晰	现场检查

序号	验收项目	验收标准	检查方式
8	冷却装置	（1）风扇（如有）应安装牢固，运转平稳，转向正确，叶片无变形。 （2）冷却装置手动、温度控制自动投入动作校验正确、信号正确。 （3）风机外壳与带电部分保持足够的安全距离	现场检查
9	出线端子	高低压出线端子排应绝缘化处理，并有悬挂接地线的措施	现场检查
		三、其他验收	
10	接地装置	（1）站用变压器铁芯和金属结构零件均应可靠接地，接地装置应有防锈镀层，并附有明显的接地标志。 （2）站用变压器底座与基础应有加固措施。 （3）接地点应有两点以上与不同主地网格连接，牢固，导通良好，截面符合动热稳定要求。 （4）低压侧中性点接地可靠，并附有明显的接地标志，中性点接地线线径符合设计要求	现场检查
11	外壳	（1）对带防护外壳的站用变压器门要求加装机械锁或电磁锁。 （2）站用变压器壳体选用易于安装、维护的铝合金材料（或者其他优质非导磁材料），下有通风百叶或网孔，上有出风孔，外壳防护等级大于 IP20。 （3）对带防护外壳的站用变压器柜体高低压两侧均可采用上部和下部进线方式，并在外壳进线部位预留进线口；对下部进线应配有电缆支架，用于固定进线电缆	现场检查
12	母线及引线安装	（1）母线及引线应进行绝缘化处理。 （2）引线的连接不应使端子受到超过允许的外加应力。 （3）引线、连接导体间和对地的距离符合国家现行有关标准的规定或订货要求。 （4）站用变压器低压零线与设备本体距离要求：10kV≥125mm，35kV≥300mm	现场检查

序号	验收项目	验收标准	检查方式
四、交接试验验收			
1	交接试验	验收结果符合《电气装置安装工程 电气设备交接试验标准》（GB 50150—2016）；《10kV～500kV 输变电设备交接试验规程》（Q/GDW 11447—2015）的要求	旁站见证/资料检查
五、资料验收			
1	订货合同	资料齐全	资料检查
2	安装使用说明书，图纸等技术文件	资料齐全	资料检查
3	重要附件的工厂检验报告和出厂试验报告	资料齐全，数据合格	资料检查
4	整体出厂试验报告	资料齐全，数据合格	资料检查
5	安装检查及安装过程记录	记录齐全，数据合格	资料检查
6	安装过程中设备缺陷通知单、设备缺陷处理记录	记录齐全	资料检查
7	交接试验报告	项目齐全、数据合格	资料检查
8	变电工程投运前电气安装调试质量监督检查报告	项目齐全、质量合格	资料检查

7.9　启动送电前检查清单

启动送电前检查清单见表 7-8。

表 7-8　　　　　　　　　　　　　　　　启动送电前检查清单

序号	检查项目	检查结论	责任主体
1	各部分无放电现象，无渗漏、油位及呼吸正常、无异常声响		设备厂家、施工单位、运检单位、监理单位、业主单位
2	无轻重瓦斯信号，瓦斯内无集气现象		设备厂家、施工单位、运检单位、监理单位、业主单位
3	现场就地温度计指示的温度与远方显示的温度应基本保持一致，误差不超过 5℃		设备厂家、施工单位、运检单位、监理单位、业主单位
4	站用变压器本体及各主部件红外测温无异常		设备厂家、施工单位、运检单位、监理单位、业主单位
5	在额定电压下对站用变的冲击合闸试验，冲击合闸宜在站用变压器高压侧进行，应无异常现象		设备厂家、施工单位、运检单位、监理单位、业主单位

8 互感器安装

本章适用于本作业指导书适用于 35～750kV 油浸式互感器、SF₆ 气体绝缘式互感器及电容式电压互感器（CVT）的安装。

8.1 设备安装工艺流程

设备安装工艺流程如图 8-1 所示。

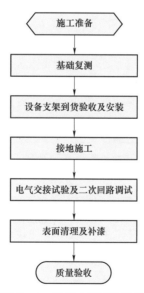

图 8-1 设备安装工艺流程

8.2 安 装 准 备 清 单

安装准备清单见表8-1。

表8-1
安 装 准 备 清 单

序号	类型	要求
1	人员	项目部管理人员、厂家服务人员及施工作业人员均到岗到位，体检合格，经安全生产教育，并考试合格，且均已签订"安全作业告知书"。焊工、电工、起重司机、起重指挥、司索工均具备特种作业资格证，且在有效期内
2	机具	施工机械进场就位，小型工器具配备齐全、状态良好，测量仪器检定合格。吊车及吊具的选择已经按吊装重量最大、工作幅度最大的情况进行了吊装计算，参数选择符合要求。起重机械证件齐全、安全装置完好，并完成报审。安全工器具数量、种类满足使用需求，检验合格，标识齐全，在有效期内
3	材料	所需安装材料准备齐全充足，检验合格并报审
4	施工方案	施工方案编审批完成，并对参与安装作业的全体施工人员进行安全技术交底
5	施工环境	提前关注天气预报，根据天气情况进行施工部署。施工区域内的预留孔洞均已使用盖板覆盖，表面喷涂有"孔洞盖板，严禁挪移"字样。互感器设备支架基础强度达到设计要求，基础外围回填土施工已完成，并完成夯实工序。存放安装附件的场地已平整，周边无杂物、土建施工物料堆积。站内道路已硬化，满足互感器运输条件。互感器安装区域及周边的土方挖填（且已按要求夯实）、喷砂、墙及地面打磨等产生扬尘的作业全部完成。存放安装附件的场地已平整，周边无杂物、土建施工物料堆积。互感器区域的主接地网已完成施工
6	设计图纸	相关施工图纸已完成图纸会检
7	施工单位与厂家职责分工	施工单位告知互感器供货商准确收货时间，方便其安排发运日期。安装前，厂家应提供安装工艺设计，并向有关人员进行交底

8.3 安装质量控制要点清单

安装质量控制要点清单见表 8-2。

表 8-2 安装质量控制要点清单

序号	关键工序验收项目	质量要求	检查方式	备注
1	基础复测	地脚螺栓连接方式：同组柱柱脚中心位移≤5mm，同一柱脚螺栓中心位移≤2mm，标高偏差+10～0mm	现场检查	
		插入式连接方式：轴线位移≤5mm，支承面及杯口底标高偏差 0～－10mm	现场检查	
2	组部件到货验收	设备支架到货验收： （1）钢构件无变形及涂层脱落。 （2）支架镀锌层不得有黄锈、锌瘤、毛刺及漏锌现象。 （3）单节构件弯曲矢高偏差控制在 $L/1000$（L 为构件的长度）以内，且不超过 5mm，单个构件长度偏差≤3mm。 （4）杆头板平整度偏差≤5mm。 （5）支架接地端子高度及方向应统一，接地端子顶标高≥500mm（场平±0mm）。 （6）设备支架技术资料齐全	现场检查	
		互感器到货验收： （1）电流互感器：110kV 及以下电流互感器推荐直立安放运输，220kV 及以上电流互感器必须满足卧倒运输的要求。运输时 110（66）kV 产品每批次超过 10 台时，每车装 10g 振动子 2 个，低于 10 台时每车装 10g 振动子 1 个；220kV 产品每台安装 10g 振动子 1 个；330kV 及以上每台安装带时标的三维冲撞记录仪。到达目的地后检查振动记录装置的记录，若记录数值超过 10g 一次或 10g 振动子落下，则产品应返厂解体检查。 （2）互感器开箱后，核对箱内部件、备件、专用工具的数量与装箱单相符，型号与设计型号相符，产品说明书、出厂试验报告、合格证等应齐全。	现场检查	

续表

序号	关键工序验收项目	质量要求	检查方式	备注
2	组部件到货验收	（3）检查镀锌部件应无镀锌层脱落、无锈蚀、无变形、无机械损伤；瓷件的颜色一致，无破损、无裂纹、无弯曲；绝缘子支柱与法兰结合面胶合牢固并涂以性能良好的防水胶；复合绝缘干式电流互感器（含复合硅橡胶绝缘电流互感器）表面无损伤、无裂纹。每个电流互感器不得任意拆开、破坏密封和损坏元件。 （4）检查互感器铭牌参数、接线图标志、型号规格等是否与设计一致，特别注意电流互感器二次绕组型号、排序应与设计一致。 （5）二次接线端子标志清晰、接线盒内部无渗油、二次接线头无脱落。 （6）检查互感器的油箱、取油阀、油标及上部胶合处无渗油，油箱及上帽无变形。具有膨胀器的互感器油位计玻璃管中应充满绝缘油，油位指示线应正常。 （7）检查一次接线板有无氧化、凹凸不平等现象。 （8）电流互感器储存条件应满足设备技术规范和制造厂要求，尽可能减少存放时间，避免存放时间过长导致设备性能发生改变	现场检查	
3	互感器安装	（1）设备支架安装时，支架柱的校正采用两台经纬仪同时在相互垂直的两个面上检测，单杆进行双向校正，确保同组、同轴均在同一轴线上。校正合格后进行地脚螺栓的紧固或二次灌浆。支架组立时要考虑钢管焊缝朝向一致，接地端子高度及朝向一致。 （2）采用地脚螺栓连接方式时，进行地脚螺栓的紧固。采用插入式连接方式时，应清理杯口内的泥土或积水后，进行杯口找平，支架柱校正合格后，进行二次灌浆，第一层灌至木楔以下，待初凝后去掉木楔再灌至杯口平面，并及时留置试块。 （3）灌浆后对支架垂直度偏差和轴线偏差进行复测。设备支架安装应满足以下要求：支架标高偏差≤5mm，垂直度偏差≤5mm，相间轴线偏差≤10mm，顶面水平度偏差≤2mm/m；检查电流互感器设备支柱的防腐层应完好；检查安装孔是否与设备相符；核实支架接地件及钢印号的朝向应符合设计要求。 （4）应根据重量计算选择合适的吊车。安装的互感器的固定应牢固可靠，宜实现无调节垫片安装，其总厚度不应大于10mm，各片间应焊接牢固。 （5）相间中心距离误差≤5mm。 （6）互感器需两点接地，其两根接地线应分别与主接地网不同干线连接	现场检查	

8.4 标 准 工 艺 清 单

标准工艺清单见表 8-3。

表 8-3   标 准 工 艺 清 单

序号	工艺标准	图例
1	支架标高偏差≤5mm，垂直度偏差≤5mm，相间轴线偏差≤10mm，顶面水平度偏差≤2mm/m	
2	设备外观清洁，相色标识正确，底座固定牢靠，受力均匀，设备安装垂直，误差≤1.5mm/m	

序号	工艺标准	图例
3	电容式电压互感器多节组装时，必须按组件出厂编号及上下顺序进行组装，禁止互换	
4	并列安装的设备应排列整齐，同一组互感器的极性方向一致	
5	油浸式互感器应无渗漏，油位正常并指示清晰	

序号	工艺标准	图例
6	电流互感器、电压互感器支架应与主接地网可靠连接，设备本体外壳接地点应与设备支架可靠连接	
7	电流、电压互感器二次电缆管与设备支架间宜采用专用夹具固定，并直接接入设备接线盒内，二次电缆管与设备接线盒间的空隙应可靠封堵	
8	电容式套管末屏应可靠接地；电流互感器备用绕组应短接可靠并接地，电压互感器的 N 端、二次备用绕组一端应可靠接地	

205

续表

序号	工艺标准	图例
9	均压环安装应无划痕、毛刺，安装牢固、平整、无变形，底部最低处应打不大于 8mm 的泄水孔	

8.5 质量通病防治措施清单

质量通病防治措施清单见表 8-4。

表 8-4   质量通病防治措施清单

序号	质量通病	防治措施	图例
1	电压互感器、电流互感器未两点接地	按照《电气装置安装工程 电力变压器、油浸电抗器、互感器施工及验收规范》（GB 50148—2010）第 5.3.6 条规定"分级绝缘的电压互感器，其一次绕组的接地引出端子；电容型绝缘的电流互感器，其一次绕组末屏的引出端子、铁芯引出接地端子；互感器的外壳均应可靠接地"。 加强设计管理，从设计图纸源头抓起，统一接地图纸标准，便于施工单位照图施工	

8.6 强制性条文清单

强制性条文清单见表 8-5。

表 8-5   强 制 性 条 文 清 单

规程名	条款号	强制性条文
GB 50148—2010《电气装置安装工程 电力变压器、油浸电抗器、互感器施工及验收规范》	5.3	5.3.1 互感器安装时应进行下列检查： 气体绝缘的互感器应检查气体压力或密度符合产品技术文件的要求，密封检查合格后方可对互感器充 SF_6 气体至额定压力，静止 24h 后进行 SF_6 气体含水量测量并合格。气体密度表、继电器必须经核对性检查合格。 5.3.6 互感器的下列各部位应可靠接地： 1 分级绝缘的电压互感器，其一次绕组的接地引出端子；电容式电压互感器的接地应符合产品技术文件的要求。 2 电容型绝缘的电流互感器，其一次绕组末屏的引出端子、铁芯引出线接地端子。 3 互感器的外壳。 4 电流互感器的备用二次绕组端子应先短路后接地。 5 倒装式电流互感器二次绕组的金属导管。 6 应保证工作接地点有两根与主接地网不同地点连接的接地引下线
GB 50169—2016《电气装置安装工程 接地装置施工及验收规范》	3.0.4	电气装置的下列金属部分，均必须接地： 1 电气设备的金属底座、框架及外壳和传动装置。 2 携带式移动式用电器具的金属底座和外壳。 3 箱式变电站的金属箱体。 4 互感器的二次绕组。 5 配电、控制、保护用的（柜、箱）及操作台的金属框架和底座。 6 电力电缆的金属护层、接头盒、终端头和金属保护管及二次电缆的屏蔽层。 7 电缆桥架、支架和井架。 8 变电站（换流站）构、支架。 9 架空地线或电气设备的电力线路杆塔。 10 配电装置的金属遮栏。 11 电热设备的金属外壳

8.7 十八项电网重大反事故措施清单

十八项电网重大反事故措施清单见表8-6。

表8-6   十八项电网重大反事故措施清单

序号	条款号	十八项电网重大反事故措施
1	8.2.1.3	换流变压器回路电流互感器、电压互感器二次绕组应满足保护冗余配置的要求。换流变压器非电量保护跳闸触点应满足非电量保护三重化配置的要求，按照"三取二"原则出口
2	8.5.1.3	采用双重化配置的直流保护（含换流变保护及交流滤波器保护），每套保护应采用"启动+动作"逻辑，启动和动作元件及回路应完全独立。采用三重化配置的直流保护（含换流变压器保护），每套保护测量回路应独立，应按"三取二"逻辑出口，任一"三取二"模块故障也不应导致保护误动和拒动。电子式电流互感器的远端模块至保护装置的回路应独立，纯光纤式电流互感器测量光纤及电磁式电流互感器二次绕组至保护装置的回路应独立
3	8.5.1.8	光电流互感器二次回路应简洁、可靠，光电流互感器输出的数字量信号宜直接输入直流控制保护系统，避免经多级数模、模数转化后接入
4	8.5.1.9	电流互感器的选型配置及二次绕组的数量应能够满足直流控制、保护及相关继电保护装置的要求。相互冗余的控制、保护系统的二次回路应完全独立，不应共用回路
5	10.1.1.16	串补平台上各种电缆应采取有效的一、二次设备间的隔离和防护措施，电磁式电流互感器电缆应外穿与串补平台及所连接设备外壳可靠连接的金属屏蔽管；串补平台上采用的电缆绝缘强度应高于控制室内控制保护设备采用的电缆绝缘强度；对接入串补平台上的测量及控制箱的电缆，应增加防干扰措施
6	11.1.1.1	油浸式互感器应选用带金属膨胀器微正压结构
7	11.1.1.2	油浸式互感器生产厂家应根据设备运行环境最高和最低温度核算膨胀器的容量，并应留有一定裕度
8	11.1.1.3	油浸式互感器的膨胀器外罩应标注清晰耐久的最高（MAX）、最低（MIN）油位线及20℃的标准油位线，油位观察窗应选用具有耐老化、透明度高的材料进行制造。油位指示器应采用荧光材料

序号	条款号	十八项电网重大反事故措施
9	11.1.1.4	生产厂家应明确倒立式电流互感器的允许最大取油量
10	11.1.1.5	所选用电流互感器的动、热稳定性能应满足安装地点系统短路容量的远期要求，一次绕组串联时也应满足安装地点系统短路容量的要求
11	11.1.1.6	220kV 及以上电压等级电流互感器必须满足卧倒运输的要求
12	11.1.1.7	互感器的二次引线端子和末屏引出线端子应有防转动措施
13	11.1.1.8	电容式电压互感器中间变压器高压侧对地不应装设氧化锌避雷器
14	11.1.1.9	电容式电压互感器应选用速饱和电抗器型阻尼器，并应在出厂时进行铁磁谐振试验
15	11.1.1.10	110（66）～750kV 油浸式电流互感器在出厂试验时，局部放电试验的测量时间延长到 5min
16	11.1.1.11	电容式电压互感器电磁单元油箱排气孔应高出油箱上平面 10mm 以上，且密封可靠
17	11.1.1.12	电流互感器末屏接地引出线应在二次接线盒内就地接地或引至在线监测装置箱内接地。末屏接地线不应采用编织软铜线，末屏接地线的截面积、强度均应符合相关标准
18	11.1.2.1	电磁式电压互感器在交接试验时，应进行空载电流测量。励磁特性的拐点电压应大于 $1.5U_\mathrm{m}/\sqrt{3}$（中性点有效接地系统）或 $1.9U_\mathrm{m}/\sqrt{3}$（中性点非有效接地系统）
19	11.1.2.2	电流互感器一次端子承受的机械力不应超过生产厂家规定的允许值,端子的等电位连接应牢固可靠且端子之间应保持足够电气距离，并应有足够的接触面积
20	11.1.2.3	110（66）kV 及以上电压等级的油浸式电流互感器，应逐台进行交流耐压试验。试验前应保证充足的静置时间，其中110（66）kV 互感器不少于 24h，220～330kV 互感器不少于 48h、500kV 互感器不少于 72h。试验前后应进行油中溶解气体对比分析
21	11.1.2.4	220kV 及以上电压等级的电容式电压互感器，其各节电容器安装时应按出厂编号及上下顺序进行安装，禁止互换

序号	条款号	十八项电网重大反事故措施
22	11.1.2.5	互感器安装时，应将运输中膨胀器限位支架等临时保护措施拆除，并检查顶部排气塞密封情况
23	11.1.2.6	220kV 及以上电压等级电流互感器运输时应在每辆运输车上安装冲击记录仪，设备运抵现场后应检查确认，记录数值超过 10g，应返厂检查。110kV 及以下电压等级电流互感器应直立安放运输
24	11.2.1.1	电容屏结构的气体绝缘电流互感器，电容屏连接筒应具备足够的机械强度，以免因材质偏软导致电容屏连接筒变形、移位
25	11.2.1.2	最低温度为 −25℃ 及以下的地区，户外不宜选用 SF_6 气体绝缘互感器
26	11.2.1.3	气体绝缘互感器的防爆装置应采用防止积水、冻胀的结构，防爆膜应采用抗老化、耐锈蚀的材料
27	11.2.1.4	SF_6 密度继电器与互感器设备本体之间的连接方式应满足不拆卸校验密度继电器的要求，户外安装应加装防雨罩
28	11.2.1.5	气体绝缘互感器应设置安装时的专用吊点并有明显标识
29	11.2.2.1	110kV 及以下电压等级互感器应直立安放运输，220kV 及以上电压等级互感器应满足卧倒运输的要求。运输时 110（66）kV 产品每批次超过 10 台时，每车装 10g 振动子 2 个，低于 10 台时每车装 10g 振动子 1 个；220kV 产品每台安装 10g 振动子 1 个；330kV 及以上电压等级每台安装带时标的三维冲击记录仪。到达目的地后检查振动记录装置的记录，若记录数值超过 10g 一次或 10g 振动子落下，则产品应返厂解体检查
30	11.2.2.2	气体绝缘电流互感器运输时所充气压应严格控制在微正压状态
31	11.2.2.3	气体绝缘电流互感器安装后应进行现场老练试验，老练试验后进行耐压试验，试验电压为出厂试验值的 80%

续表

序号	条款号	十八项电网重大反事故措施
32	11.3.1.1	电子式电流互感器测量传输模块应有两路独立电源，每路电源均有监视功能
33	11.3.1.2	电子式电流互感器传输回路应选用可靠的光纤耦合器，户外采集卡接线盒应满足 IP67 防尘防水等级，采集卡应满足安装地点最高、最低运行温度要求
34	11.3.1.3	电子式互感器的采集器应具备良好的环境适应性和抗电磁干扰能力
35	11.3.1.4	电子式电压互感器二次输出电压，在短路消除后恢复（达到准确级限值内）时间应满足继电保护装置的技术要求
36	11.3.2.1	电子式互感器传输环节各设备应进行断电试验、光纤进行抽样拔插试验，检验当单套设备故障、失电时，是否导致保护装置误出口
37	11.3.2.2	电子式互感器交接时应在合并单元输出端子处进行误差校准试验
38	11.3.2.3	电子式互感器现场在投运前应开展隔离开关分无合容性小电流干扰试验
39	11.4.1.1	变电站户外不宜选用环氧树脂浇注干式电流互感器
40	11.4.2.1	10（66）kV 及以上干式互感器出厂时应逐台进行局部放电试验，交接时应抽样进行局部放电试验
41	11.4.2.2	电磁式干式电压互感器在交接试验时，应进行空载电流测量。励磁特性的拐点电压应大于 $1.5U_m$ 无（中性点有效接地系统）或 $1.9U_m$ 无（中性点非有效接地系统）
42	14.4.1.1	选用励磁特性饱和点较高的，在 $1.9U_m\sqrt{3}$ 电压下，铁芯磁通不饱和的电压互感器
43	14.4.1.2	在电压互感器（包括系统中的用户站）一次绕组中性点对地间串接线性或非线性消谐电阻、加零序电压互感器或在开口三角绕组加阻尼或其他专门消除此类谐振的装置

序号	条款号	十八项电网重大反事故措施
44	15.1.8	在新建、扩建和技改工程中，应根据DL/T 866—2015《电流互感器和电压互感器选择及计算规程》、GB 20840.2—2014《互感器　第2部分：电流互感器的补充技术要求》和电网发展的情况进行互感器的选型工作，并充分考虑到保护双重化配置的要求
45	15.1.9	应根据系统短路容量合理选择电流互感器的容量、变比和特性，满足保护装置整定配合和可靠性的要求
46	15.1.10	线路各侧或主设备差动保护各侧的电流互感器的相关特性宜一致，避免在遇到较大短路电流时因各侧电流互感器的暂态特性不一致导致保护不正确动作
47	15.1.11	母线差动保护各支路电流互感器变比差不宜大于4倍
48	15.1.12	母线差动、变压器差动和发变组差动保护各支路的电流互感器应优先选用准确限值系数（ALF）和额定拐点电压较高的电流互感器
49	15.1.13.1	当采用3/2、4/3、角形接线等多断路器接线形式时，应在断路器两侧均配置电流互感器
50	15.1.13.2	对经计算影响电网安全稳定运行重要变电站的220kV及以上电压等级双母线接线方式的母联、分段断路器，应在断路器两侧配置电流互感器
51	15.2.2.1	两套保护装置的交流电流应分别取自电流互感器互相独立的绕组；交流电压应分别取自电压互感器互相独立的绕组。对原设计中电压互感器仅有一组二次绕组，且已经投运的变电站，应积极安排电压互感器的更新改造工作，改造完成前，应在开关场的电压互感器端子箱处，利用具有短路跳闸功能的两组分相空气开关将按双重化配置的两套保护装置交流电压回路分开
52	15.2.2.2	两套保护装置的直流电源应取自不同蓄电池组连接的直流母线段。每套保护装置与其相关设备（电子式互感器、合并单元、智能终端、网络设备、操作箱、跳闸线圈等）的直流电源均应取自与同一蓄电池组相连的直流母线，避免因一组站用直流电源异常对两套保护功能同时产生影响而导致的保护拒动

8.8　安全管控风险点及控制措施

安全管控风险点及控制措施见表 8－7。

表 8－7　　　　　　　　　　　　　　　　安全管控风险点及控制措施

序号	安全管控风险点及控制措施
1	互感器安装须填写"施工作业票"。施工前由技术负责人对全体参加施工的作业人员进行安全技术交底，指明作业过程中的危险点和风险，接受交底人员须在交底记录上签字确认
2	技术人员应根据站用变压器（接地变压器）附件及附属设备的单体重量配备吊车、吊绳，并计算出吊绳的长度及夹角、起吊时吊臂的角度及吊臂伸展长度，同时还要考虑吊车的回转半径和起吊高度。吊车安全检验合格证、行驶证及驾驶员操作证齐全，证件应在有效期内。起吊时应设专人指挥，指挥信号应明确，指挥和操作人员不得擅自离开工作岗位
3	施工期间应及时关注天气预报
4	按作业项目区域定置平面图要求进行施工作业现场布置。施工场地必须清洁，并在其施工范围内搭设临时围栏，与其他施工场地隔开，并设置警示标志
5	安全监护人开工前向全体工作人员交代安全措施和注意事项，技术负责人、安全监护人、作业负责人始终在现场负责施工全过程指导监督
6	检查所有工器具，尤其是吊装用具必须符合安全要求
7	开箱检查和运输吊装时应注意防止碰坏瓷件
8	进入现场人员必须衣着整齐、正确戴安全帽；作业人员必须经安全考试合格方可上岗
9	高压试验时，试验现场悬挂"止步、高压危险！"的标识牌

8.9　验　收　标　准　清　单

验收标准清单见表 8－8。

表 8-8   验 收 标 准 清 单

序号	验收项目	验收标准	检查方式
一、电压互感器验收			
（一）电压互感器本体外观验收			
1	铭牌标志	完整清晰，无锈蚀	现场检查
2	渗漏油检查	瓷套、底座、阀门和法兰等部位应无渗漏油现象	现场检查
3	油位指示	油位正常	现场检查
4	外观油漆检查	油漆无剥落、无褪色	现场检查
5	外观防腐检查	无明显的锈迹、无明显污渍	现场检查
6	外套检查	（1）瓷套不存在缺损、脱釉、落砂，铁瓷结合部涂有合格的防水胶；瓷套达到防污等级要求。 （2）复合绝缘干式电压互感器表面无损伤、无裂纹	现场检查
7	相色标志检查	相色标志正确	现场检查
8	中间变压器（电容式）	电容式电压互感器中间变压器高压侧不应装设氧化锌避雷器	现场检查
9	均压环检查	均压环安装水平、牢固，且方向正确，安装在环境温度零度及以下地区的均压环，宜在均压环最低处打排水孔	现场检查
10	SF_6 密度继电器或压力表	（1）压力正常、无泄漏、标志明显、清晰。 （2）校验合格，报警值（接点）正常。 （3）应设有防雨罩	现场检查
（二）电压互感器安装工艺验收			
11	互感器安装	（1）安装牢固，垂直度应符合要求，本体各连接部位应牢固可靠。 （2）同一组互感器三相间应排列整齐，极性方向一致。 （3）铭牌应位于易于观察的同一侧	现场检查

序号	验收项目	验收标准	检查方式
12	中间变压器接地（电容式）	电容式电压互感器中间变压器接地端应可靠接地	现场检查
13	电容分压器安装顺序	对于 220kV 及以上电压等级电容式电压互感器,电容器单元安装时必须按照出厂时的编号以及上下顺序进行安装，严禁互换	现场检查
14	阻尼器检查（电容式）	检查阻尼器是否接入的二次剩余绕组端子	现场检查/资料检查
15	接地	110（66）kV 及以上电压互感器构支架应有两点与主地网不同点连接，接地引下线规格满足设计要求，导通良好	现场检查
（三）电压互感器各侧出线			
16	出线端连接	螺母应有双螺栓连接等防松措施	现场检查
17	设备线夹	（1）设备线夹与压线板是不同材质时，不应使用对接式铜铝过渡线夹。 （2）在可能出现冰冻的地区，线径为 400mm² 及以上的、压接孔向上 30°～90° 的压接线夹，应打排水孔。 （3）引线无散股、扭曲、断股现象。引线对地和相间符合电气安全距离要求，引线松紧适当，无明显过松过紧现象，导线的弧垂须满足设计规范	现场检查
（四）电压互感器二次系统验收			
18	二次端子接线	二次端子的接线牢固、整齐并有防松功能，装蝶型垫片及防松螺母。二次端子不应短路，单点接地。控制电缆备用芯应加装保护帽	现场检查
19	二次电缆穿线管端部	二次电缆穿线管端部应封堵良好，并将上端与设备的底座和金属外壳良好焊接，下端就近与主接地网良好焊接	现场检查
20	二次端子标志	二次端子标志明晰	现场检查

序号	验收项目	验收标准	检查方式
21	电缆的防水性能	电缆如未加装固定头，应由内向外电缆孔洞封堵	现场检查
22	二次接线盒	（1）符合防尘、防水要求、内部整洁。 （2）接地、封堵良好	现场检查
（五）其他验收			
23	专用工器具清单、备品备件	按清单进行清点验收	现场检查
24	设备名称标示牌	设备标示牌齐全，正确	现场检查
25	外装式消谐装置	外观良好，安装牢固，应有检验报告	现场检查
（六）试验验收			
26	交接试验	检验结果符合《电气装置安装工程　电气设备交接试验标准》（GB 50150—2016）；《10kV～500kV 输变电设备交接试验规程》（Q/GDW 11447—2015）的要求	现场见证/资料检查
（七）电压互感器资料验收			
27	订货合同、技术协议	资料齐全	资料检查
28	安装使用说明书，图纸、维护手册等技术文件	资料齐全	资料检查
29	重要附件的工厂检验报告和出厂试验报告	资料齐全，数据合格	资料检查
30	出厂试验报告	资料齐全，数据合格	资料检查

序号	验收项目	验收标准	检查方式
31	安装检查及安装过程记录	记录齐全，符合安装工艺要求	资料检查
32	交接试验报告	项目齐全，数据合格	资料检查
33	变电工程投运前电气安装调试质量监督检查报告	资料齐全	资料检查

二、电流互感器验收

（一）电流互感器本体外观验收

序号	验收项目	验收标准	检查方式
1	渗漏油（油浸式）	瓷套、底座、阀门和法兰等部位应无渗漏油现象	现场检查
2	油位（油浸式）	金属膨胀器视窗位置指示清晰，无渗漏，油位在规定的范围内；不宜过高或过低，绝缘油无变色	现场检查
3	密度继电器（气体绝缘）	（1）压力正常、标志明显、清晰。 （2）校验合格，报警值（接点）正常。 （3）密度继电器应设有防雨罩。 （4）密度继电器满足不拆卸校验要求，表计朝向巡视通道	现场检查
4	外观检查	（1）无明显污渍、无锈迹，油漆无剥落、无褪色，并达到防污要求。 （2）复合绝缘干式电流互感器表面无损伤、无裂纹，油漆应完整。 （3）电流互感器膨胀器保护罩顶部应为防积水的凸面设计，能够有效防止雨水聚集	现场检查
5	瓷套或硅橡胶套管	（1）瓷套不存在缺损、脱釉、落砂，法兰胶装部位涂有合格的防水胶。 （2）硅橡胶套管不存在龟裂、起泡和脱落	现场检查

序号	验收项目	验收标准	检查方式
6	相色标志	相色标志正确，零电位进行标志	现场检查
7	均压环	均压环安装水平、牢固，且方向正确，安装在环境温度零度及以下地区的均压环，宜在均压环最低处打排水孔	现场检查
8	金属膨胀器固定装置（油浸式）	金属膨胀器固定装置已拆除	现场检查
9	SF$_6$逆止阀（气体绝缘）	无泄漏、本体额定气压值（20℃）指示无异常	现场检查
10	防爆膜（气体绝缘）	防爆膜完好，防雨罩无破损	现场检查
11	接地	（1）应保证有两根与主接地网不同地点连接的接地引下线。 （2）电容型绝缘的电流互感器，其一次绕组末屏的引出端子、铁芯引出接地端子应接地牢固可靠。 （3）互感器的外壳接地牢固可靠。二次线穿管端部应封堵良好，上端与设备的底座和金属外壳良好焊接，下端就近与主接地网良好焊接	现场检查
12	整体安装	三相并列安装的互感器中心线应在同一直线上，同一组互感器的极性方向应与设计图纸相符；基础螺栓应紧固	现场检查
(二) 电流互感器各侧出线			
13	出线端及各附件连接部位	连接牢固可靠，并有螺栓防松措施	现场检查
14	设备线夹及一次引线	（1）设备线夹与压线板是不同材质时，不应使用对接式铜铝过渡线夹。 （2）在可能出现冰冻的地区，安装角度向上 30°～90°的压接线夹，应打排水孔。 （3）引线无散股、扭曲、断股现象。引线对地和相间符合电气安全距离要求，引线松紧适当，无明显过松过紧现象，导线的弧垂须满足设计规范	现场检查
15	螺栓、螺母检查	设备固定和导电部位使用 8.8 级及以上热镀锌螺栓	现场检查

序号	验收项目	验收标准	检查方式
（三）互感器二次系统			
16	二次端子接线	二次端子的接线牢固，并有防松功能，装蝶型垫片及防松螺母。 二次端子不应开路，单点接地。 暂时不用的二次端子应短路接地	现场检查
17	二次端子标志	二次端子标志明晰	现场检查
18	电缆的防水性能	电缆加装固定头，如无，应由内向外电缆孔洞封堵	现场检查
19	二次接线盒	（1）符合防尘、防水要求，内部整洁。 （2）接地、封堵良好。 （3）备用的二次绕组应短接并接地。 （4）二次电缆备用芯应该使用绝缘帽，并用绝缘材料进行绑扎	现场检查
20	变比	一次绕组串并联端子与二次绕组抽头应符合运行要求	现场检查
（四）其他验收			
21	专用工器具、备品备件	按清单进行清点验收	现场检查
22	设备名称标示牌	设备标示牌齐全，正确	现场检查
（五）交接试验验收			
23	交接试验	检验结果符合《电气装置安装工程　电气设备交接试验标准》（GB 50150—2016）； 《10kV～500kV 输变电设备交接试验规程》（Q/GDW 11447—2015）的要求	旁站见证/资料检查

序号	验收项目	验收标准	检查方式
		(六) 电流互感器资料验收	
24	订货合同、技术协议	资料齐全	资料检查
25	安装使用说明书，图纸、维护手册等技术文件	资料齐全	资料检查
26	重要附件的工厂检验报告和出厂试验报告	资料齐全，数据合格	资料检查
27	出厂试验报告	资料齐全，数据合格	资料检查
28	工厂监造报告（若有）	资料齐全	资料检查
29	三维冲撞记录仪记录纸和押运记录（如有）	记录齐全、数据合格	资料检查
30	安装检查及安装过程记录	记录齐全，符合安装工艺要求	资料检查
31	安装过程中设备缺陷通知单、设备缺陷处理记录	记录齐全	资料检查
32	交接试验报告	项目齐全，数据合格	资料检查
33	变电工程投运前电气安装调试质量监督检查报告	资料齐全	资料检查

8.10　启动送电前检查清单

启动送电前检查清单见表 8-9。

表 8-9 启动送电前检查清单

序号	检查项目	责任主体
1	密封检查：整体无渗漏油，密封性良好	设备厂家、施工单位、运检单位、监理单位、业主单位
2	油位、气压、密度指示符合产品技术要求	设备厂家、施工单位、运检单位、监理单位、业主单位
3	本体各部分无放电现象	设备厂家、施工单位、运检单位、监理单位、业主单位
4	声音无异常	设备厂家、施工单位、运检单位、监理单位、业主单位
5	红外测温无异常	设备厂家、施工单位、运检单位、监理单位、业主单位
6	二次回路检查：电流互感器二次回路不开路，电压互感器二次回路不短路	设备厂家、施工单位、运检单位、监理单位、业主单位
7	接地检查：接地牢固可靠	设备厂家、施工单位、运检单位、监理单位、业主单位

9 干式空心电抗器安装

本章适用于 10～110kV 的干式空心电抗器安装。

9.1 干式空心电抗器安装工艺流程

干式空心电抗器安装工艺流程如图 9－1 所示。

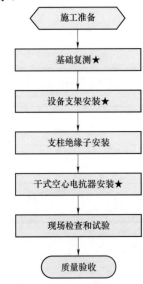

图 9－1 干式空心电抗器安装工艺流程

9.2　安　装　准　备　清　单

安装准备清单见表9-1。

表9-1　　　　　　　　　　　安　装　准　备　清　单

序号	类型	要求
1	人员	（1）安装单位组织管理人员、技术人员、施工人员及制造厂人员到位并熟悉现场及设备情况。 （2）相关人员上岗前，应根据设备的安装特点由制造厂向安装单位进行产品技术要求交底；安装单位对作业人员进行专业培训及安全技术交底。 （3）制造厂人员应服从现场各项管理制度，制造厂人员进场前应将人员名单及负责人信息报监理备案。 （4）特殊工种作业人员应持证上岗
2	机具	（1）施工机械进场就位，工器具配备齐全、状态良好，测量仪器检定合格。 （2）吊车及吊具的选择已经按吊装重量最大、工作幅度最大的情况进行了吊装计算，参数选择符合要求。起重机械证件齐全、安全装置完好，并完成报审。 （3）安全工器具数量、种类满足使用需求，检验合格，标识齐全，在有效期内
3	材料	所需安装材料准备齐全充足，检验合格并报审
4	施工方案	"干式空心电抗器安装施工方案"编审批完成，并对参与安装作业的全体施工人员进行安全技术交底；交流耐压前完成"干式空心电抗器交流耐压试验方案"编审批，并对参与安装作业的全体施工人员进行安全技术交底
5	施工环境	（1）户内干式空心电抗器安装的房间内装修工作应完成，门窗孔洞封堵完成，房间内清洁，通风良好。 （2）现场安装工作应在环境温度-5～40℃、无风沙、无雨雪。应连续动态检测并记录，合格后方可开展工作
6	设计图纸	相关施工图纸已完成图纸会检，生产厂家图纸、技术资料已齐全
7	施工单位与厂家职责分工	安装前，厂家应提供安装工艺设计，并向有关人员进行交底。建设管理单位组织召开安装分工界面协调会，施工单位、厂家完成安装分工界面协议签订

9.3 安装质量控制要点清单

安装质量控制要点清单见表 9-2。

表 9-2 安装质量控制要点清单

序号	关键工序验收项目		质量要求	检查方式	备注
1	本体到货验收	图纸及技术资料	（1）外形尺寸图。 （2）附件外形尺寸图。 （3）绝缘件等的检验报告；制造厂家对外购元件绝缘电阻等项目的测试报告	现场检查 资料检查	
	本体到货验收	绝缘子检查	（1）绝缘子应无损伤、划痕，检查绝缘符合产品技术文件要求。 （2）有绝缘子探伤合格报告	现场检查 过程见证	
		导体检查	导体应无损伤、划痕，表面镀银层完好无脱落，电阻值符合产品技术文件要求	现场检查 过程见证	
2	基础复测		基础轴线偏移量和基础杯底标高偏差应在规范允许范围内，依据设计图纸复测预埋件位置偏差		
3	设备支架安装		设备支架底部参照设计图纸，如底部有槽钢件，应先将槽钢件与支架螺栓连接，安装过程控制支架顶面标高偏差、垂直度、轴线偏差、顶面水平度、间距偏差，调整好后将底部槽钢件与基础预埋件进行点焊固定		
4	干式空心电抗器安装		（1）干式空心电抗器的接线端子方向应与施工图纸方向一致。电抗器的重量应均匀地分配于所有支柱绝缘子上，找平时，允许在支柱绝缘子底座下放置钢垫片，但应固定牢靠。 （2）新安装的干式空心并联电抗器、35kV 及以上干式空心串联电抗器不应采用叠装结构。10kV 干式空心串联电抗器应采取有效措施防止电抗器单相事故发展为相间事故		

9.4 标 准 工 艺 清 单

标准工艺清单见表9-3。

表9-3 标 准 工 艺 清 单

序号	工艺标准	图例
1	钢管支架标高偏差≤5mm，垂直度偏差≤5mm，轴线偏差≤5mm，顶面水平度偏差≤2mm，间距偏差≤5mm。根据支架标高和支柱绝缘子长度综合考虑，使支柱绝缘子标高误差控制在 5mm 以内	
2	新安装的户外干式空心电抗器，产品结构应具有防鸟、防雨功能	

续表

序号	工艺标准	图例
3	当额定电流超过 1500A 及以上时,引出线应采用非磁性金属材料制成的螺栓进行固定	
4	电抗器底座应接地,其支柱不得形成导磁回路,接地线不应形成闭合环路	
5	电抗器基础内钢筋、底层绝缘子的接地线及金属围栏,不应通过自身和接地线构成闭合回路	

序号	工艺标准	图例
6	网栏应采用耐腐蚀材料，安装平整牢固，防腐完好；网栏与设备间距离符合设计要求；金属网栏应设明显断开点和接地点	
7	中性汇流母线应刷淡蓝色漆	

9.5　质量通病防治措施清单

质量通病防治措施清单见表 9-4。

表9-4 质量通病防治措施清单

序号	质量通病	防治措施	图例
1	干式电抗器底座接地线形成闭合回路；采用暗接地，但未提供隐蔽证明资料	依据：《国家电网公司输变电工程标准工艺（三） 工艺标准库（2016年版）》干式电抗器安装（0102030207），"（5）电抗器底座应接地，其支柱不得形成导磁回路，接地线不应形成闭合回路。（6）电抗器基础内钢筋、底层绝缘子的接地线及金属围栏，不应通过自身和接地线构成闭合回路。"《国家电网公司输变电优质工程评定管理办法》[国网（基建/3）182—2015]，"电抗器底座接地可靠符合规范要求，标识清晰，不应构成闭合导通回路"。措施：电抗器支柱的底座均应接地，宜采用非磁性材料，支柱的接地线不应成闭合回路，同时不得与地网形成闭合回路	

9.6 强制性条文清单

强制性条文清单见表9-5。

表9-5 强制性条文清单

规程名	条款号	强制性条文
GB 50148—2010《电气装置安装工程 电力变压器、油浸电抗器、互感器施工及验收规范》	4.1.3	变压器、电抗器在装卸和运输过程中，不应有严重冲击和振动。电压在220kV及以上且容量在150MVA及以上的变压器和电压为330kV及以上的电抗器均需装设三维冲击记录仪。冲击允许值需符合制造厂及合同的规定：前后<3g，上下<1g，左右<1g。4.1.7充干燥气体运输的变压器、电抗器油箱内的气体压力需保持在0.01MPa～0.03MPa。干燥气体露点温度必须低于 -40℃。每台变压器、电抗器必须配有可以随时补气的纯净、干燥气体瓶，始终保持变压器、电抗器内为正压力，并设有压力表进行监视

续表

规程名	条款号	强制性条文
GB 50169—2016《电气装置安装工程　接地装置施工及验收规范》	3.0.4	电气装置的下列金属部分，均必须接地： 1　电气设备的金属底座、框架及外壳和传动装置。 2　携带式移动式用电器具的金属底座和外壳。 3　箱式变电站的金属箱体。 4　互感器的二次绕组。 5　配电、控制、保护用的（柜、箱）及操作台的金属框架和底座。 6　电力电缆的金属护层、接头盒、终端头和金属保护管及二次电缆的屏蔽层。 7　电缆桥架、支架和井架。 8　变电站（换流站）构、支架。 9　架空地线或电气设备的电力线路杆塔。 10　配电装置的金属遮栏。 11　电热设备的金属外壳
	4.1.8	严禁利用金属软管、管道保温层的金属外皮或金属网、低压照明网络的导线铅皮以及电缆金属护层作为接地线
	4.2.9	电气装置的接地线必须单独与接地母线或接地网相连接，严禁在一条接地线中串接两个及两个以上需要接地的电气装置

9.7　十八项电网重大反事故措施清单

十八项电网重大反事故措施清单见表9-6。

表 9-6   十八项电网重大反事故措施清单

序号	十八项电网重大反事故措施	控制阶段
1	10.3.1.1 并联电容器用串联电抗器用于抑制谐波时，电抗率应根据并联电容器装置接入电网处的背景谐波含量的测量值选择，避免同谐波发生谐振或谐波过度放大	设计阶段
2	10.3.1.2 35kV 及以下户内串联电抗器应选用干式铁芯或油浸式电抗器。户外串联电抗器应优先选用干式空心电抗器，当户外现场安装环境受限而无法采用干式空心电抗器时，应选用油浸式电抗器	
3	10.3.1.3 新安装的干式空心并联电抗器、35kV 及以上干式空心串联电抗器不应采用叠装结构，10kV 干式空心串联电抗器应采取有效措施防止电抗器单相事故发展为相间事故	
4	10.3.1.4 干式空心串联电抗器应安装在电容器组首端，在系统短路电流大的安装点，设计时应校核其动、热稳定性	
5	10.3.1.5 户外装设的干式空心电抗器，包封外表面应有防污和防紫外线措施。电抗器外露金属部位应有良好的防腐蚀涂层	
6	10.3.1.6 新安装的 35kV 及以上干式空心并联电抗器，产品结构应具有防鸟、防雨功能	
7	10.3.2.1 干式空心电抗器下方接地线不应构成闭合回路，围栏采用金属材料时，金属围栏禁止连接成闭合回路，应有明显的隔离断开段，并不应通过接地线构成闭合回路	基建阶段
8	10.3.2.2 干式铁心电抗器户内安装时，应做好防振动措施	
9	10.3.2.3 干式空心电抗器出厂应进行匝间耐压试验，出厂试验报告应含有匝间耐压试验项目。330kV 及以上变电站新安装的干式空心电抗器交接时，具备试验条件时应进行匝间耐压试验	
10	10.3.3.1 已配置抑制谐波用串联电抗器的电容器组，禁止减少电容器运行	运行阶段
11	10.3.3.2 采用 AVC 等自动投切系统控制的多组干式并联电抗器，投切策略应保持各组投切次数均衡，避免反复投切同一组	

9.8　安全管控风险点及控制措施

安全管控风险点及控制措施见表 9-7。

表 9-7 安全管控风险点及控制措施

序号	安全管控风险点及控制措施
1	500kV 及以上或单台容量 10Mvar 及以上的干式电抗器安装前应该依据安装使用说明书编写安全施工措施
2	安装所搭设的脚手架及作业平台应经过验收后投入使用，平台护栏应安装牢固，作业人员上下不得攀爬绝缘子串
3	吊装应使用专用的吊具，应使用产品的专用调换或吊孔。支柱绝缘子吊装时应采用吊带。吊物离地面 10cm 时停止起吊，进行全面检查，确认无问题后，方可继续起吊
4	高处作业人员正确使用安全带，穿防滑鞋。使用工具袋进行上下工具材料传递，严禁抛掷，高处作业下方不得有人。高处作业使用的工器具应有放松脱的措施
5	安装时加强监护，防止设备碰撞，设备安装轻起缓落。人员搬运设备时，防止设备碰撞

9.9 验 收 标 准 清 单

验收标准清单见表 9-8。

表 9-8 验 收 标 准 清 单

序号	验收项目	验收标准	检查方式
一、本体外观验收			
1	外观检查	表面干净无脱漆锈蚀，无变形，密封良好，无渗漏，标志正确、完整，放气塞紧固	现场检查
2	铭牌	设备出厂铭牌齐全、参数正确	现场检查
3	相序	相序标志清晰正确	现场检查

序号	验收项目	验收标准	检查方式
二、资料验收			
4	订货合同、技术协议	资料齐全	资料检查
5	安装使用说明书,图纸、维护手册等技术文件	资料齐全	资料检查
6	重要材料和附件的工厂检验报告和出厂试验报告	资料齐全,数据合格	资料检查
7	出厂试验报告	资料齐全,数据合格	资料检查
8	安装检查及安装过程记录	记录齐全,数据合格	资料检查
9	安装过程中设备缺陷通知单、设备缺陷处理记录	记录齐全	资料检查
10	交接试验报告	项目齐全,数据合格	资料检查
11	变电工程投运前电气安装调试质量监督检查报告	项目齐全、质量合格	资料检查
12	设备监造报告	资料齐全,数据合格	资料检查
13	备品备件、专用工器具、仪器清单	项目齐全,数据合格	资料检查

9.10 启动送电前检查清单

启动送电前检查清单见表 9-9。

表 9-9   启动送电前检查清单

序号	检查项目	检查结论	责任主体
1	电抗器本体无临时接地线、短接线		设备厂家、施工单位、运检单位、监理单位、业主单位
2	电抗器本体无施工遗留物		设备厂家、施工单位、运检单位、监理单位、业主单位
3	接地牢靠		设备厂家、施工单位、运检单位、监理单位、业主单位
4	一次设备引线接线牢固		设备厂家、施工单位、运检单位、监理单位、业主单位

10　装配式电容器安装

本章适用于变电站 10～110kV 的装配式电容器安装。

10.1　设备安装工艺流程

设备安装工艺流程如图 10-1 所示。

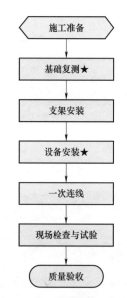

图 10-1　设备安装工艺流程

10.2 安装准备清单

安装准备清单见表 10-1。

表 10-1   安 装 准 备 清 单

序号	类型	要求
1	人员	项目部管理人员、厂家服务人员及施工作业人员均到岗到位，体检合格，经安全生产教育，并考试合格，且均已签订"安全作业告知书"。焊工、电工、起重司机、起重指挥、司索工均具备特种作业资格证，且在有效期内
2	机具	施工机械进场就位，小型工器具配备齐全、状态良好，测量仪器检定合格。吊车及吊具的选择已经按吊装重量最大、工作幅度最大的情况进行了吊装计算，参数选择符合要求。起重机械证件齐全、安全装置完好，并完成报审。安全工器具数量、种类满足使用需求，检验合格，标识齐全，在有效期内
3	材料	所需安装材料准备齐全充足，检验合格并报审
4	施工方案	"装配式电容器安装施工方案"编审批完成，并对参与安装作业的全体施工人员进行安全技术交底
5	施工环境	提前关注天气预报，根据天气情况进行施工部署。施工区域内的预留孔洞均已使用盖板覆盖，表面喷涂有"孔洞盖板，严禁挪移"字样。基础强度达到设计要求，沟道、构支架等土建工程施工完成，已完成土建交付电气验收。站内道路已硬化，满足设备运输条件。存放安装附件的场地已平整，周边无杂物、土建施工物料堆积。设备区的主接地网已完成施工。设备运输公司已完成运输路径勘查，满足运输要求
6	设计图纸	相关施工图纸已完成图纸会检
7	施工单位与厂家职责分工	装配式电容器安装前，厂家应提供安装工艺设计，并向有关人员进行交底，与施工单位签订安装分工界面协议

10.3 安装质量控制要点清单

安装质量控制要点清单见表 10-2。

表 10-2 安装质量控制要点清单

序号	关键工序验收项目	质量要求	检查方式	备注
1	基础复测	混凝土基础及埋件表面平整，水平误差≤2mm，x、y 轴线误差≤5mm	现场检查	
		基础槽钢应经热镀锌处理，预埋件采用两边满焊，焊缝应经防腐处理，其顶面标高误差≤3mm	现场检查	
2	组部件到货验收	就位前检查电容器、放电线圈外观，套管引线端子及结合部位有无渗漏油现象，电容器、放电线圈整体密封严密，外壳无变形、锈蚀、剐蹭痕迹	现场检查	
		电容器组安装前应根据单个电容器容量的实测值，进行三相电容器组的配对，确保三相容量差值≤5%	现场检查	
		各电容器铭牌、编号应在通道侧，顺序符合设计，相色完整。电容器外壳与固定电位连接应牢固可靠	现场检查	
		避雷器在线监测仪安装应便于观测	现场检查	
		采用熔断器时，熔断器的安装应排列整齐，倾斜角度符合设计，指示器位置正确	现场检查	

10.4 标 准 工 艺 清 单

标准工艺清单见表 10-3。

表 10-3   标 准 工 艺 清 单

序号	工艺标准	图例
1	电容器框架安装：框架组件平直，长度误差≤2mm/m，连接螺孔应可调；每层框架水平度误差≤3mm，对角误差≤5mm；总体框架水平度误差≤5mm，垂直误差≤5mm，防腐完好	
2	附件齐全放电线圈支架安装：支架标高偏差≤5mm，垂直度偏差≤5mm，相间轴线偏差≤10mm，顶面水平度偏差≤2mm/m	
3	干式空心串联电抗器应安装在电容器组的首端	

序号	工艺标准	图例
4	电容器汇流母线应采用铜排，硬母线连接应满足热胀冷缩要求	
5	电容器端子间或端子与汇流母线间的连接，应采用带绝缘护套的软铜线	
6	电容器的接线螺栓应使用力矩扳手紧固，力矩值应符合产品技术文件及规范要求，紧固后应标记漆线	

续表

序号	工艺标准	图例
7	电容器组引出端子与导线连接可靠，并且不应承受额外的应力	
8	电容器底座应与主接地网可靠连接	
9	固定在框架上的放电线圈与框架可靠跨接；有独立基础的放电线圈本体与主接地网可靠连接。放电线圈的二次绕组一点可靠接地	

序号	工艺标准	图例
10	中性汇流母线应刷淡蓝色漆	
11	放电线圈或互感器的接线端子和电缆终端应采取防雨水进入的保护措施	
12	网栏高度不应小于 1.7m,安装平整牢固,防腐完好,与设备间距离符合设计要求。当采用金属围栏时,金属围栏应设明显接地。金属围栏内若布置有空心电抗器,则金属围栏不应构成闭合磁路	

10.5 质量通病防治措施清单

质量通病防治措施清单见表 10-4。

表 10-4 质量通病防治措施清单

序号	质量通病	防治措施	图例
1	主变、断路器、电容器等设备端子箱内防火封堵工艺不良，封堵不严密	依据：《国家电网公司输变电工程标准工艺（三） （工艺标准库（2016 年版）》盘、柜底部封堵（0102050503）"在预留的保护柜孔洞底部铺设厚度为 10mm 的防火板，在孔隙口用有机堵料进行密实封堵，用防火包填充或无机堵料浇注，塞满孔洞"。 措施：在封堵盘、柜底部时，封堵应严实可靠，不应有明显的裂缝和可见的孔隙，孔洞较大者应加防火板后再进行封堵	
2	端子箱内加热器与电缆距离小于 80 mm，或加热器的接线端子在加热器上方，或加热除湿元件的电源线未使用耐热绝缘导线	依据：《智能变电站施工技术规范》（DL/T 5740—2016），第 5.1.3 条，"加热除湿元件应安装在二次设备盘（柜）下部，且与盘（柜）内其他电气元件和二次线缆的距离不宜小于 80mm，若距离无法满足要求，应增加热隔离措施。加热除湿元件的电源线应使用耐热绝缘导线"。《国家电网公司输变电工程标准工艺（三） 工艺标准库（2016 年版）》端子箱安装（0102040102），"加热器与元器件、电缆应保持大于 50mm 距离，加热器的接线端子应在加热器下方"。 措施：加热器与元器件、电缆应保持大于 80mm 距离，若距离无法满足要求，应增加热隔离措施。加热器的电源线应使用耐热绝缘导线。加热器的接线端子应在加热器下方	

10.6　强制性条文清单

强制性条文清单见表10-5。

表10-5　　　　　　　　　　　　　　　　强制性条文清单

规程名	条款号	强制性条文
GB 50169—2016《电气装置安装工程接地装置施工及验收规范》	3.0.4	电气装置的下列金属部分，均必须接地： 1. 电气设备的金属底座、框架及外壳和传动装置。 2. 携带式移动式用电器具的金属底座和外壳。 3. 箱式变电站的金属箱体。 4. 互感器的二次绕组。 5. 配电、控制、保护用的（柜、箱）及操作台的金属框架和底座。 6. 电力电缆的金属护层、接头盒、终端头和金属保护管及二次电缆的屏蔽层。 7. 电缆桥架、支架和井架。 8. 变电站（换流站）构、支架。 9. 架空地线或电气设备的电力线路杆塔。 10. 配电装置的金属遮栏。 11. 电热设备的金属外壳
	4.1.8	严禁利用金属软管、管道保温层的金属外皮或金属网、低压照明网络的导线铅皮以及电缆金属护层作为接地线
	4.2.9	电气装置的接地线必须单独与接地母线或接地网相连接，严禁在一条接地线中串接两个及两个以上需要接地的电气装置

10.7　十八项电网重大反事故措施清单

十八项电网重大反事故措施清单见表10-6。

表 10-6 十八项电网重大反事故措施清单

序号	十八项电网重大反事故措施	控制阶段
1	10.1.1.1 应进行串补装置接入对电力系统的潜供电流、恢复电压、工频过电压、操作过电压等系统特性的影响分析，确定串补装置的电气主接线、绝缘配合与过电压保护措施、主设备规范与控制策略等	
2	10.1.1.2 应考虑串补装置接入后对差动保护、距离保护、重合闸等继电保护功能的影响	
3	10.1.1.3 当电源送出系统装设串补装置时，应进行串补装置接入对发电机组次同步振荡的影响分析，当存在次同步振荡风险时，应确定抑制次同步振荡的措施	
4	10.1.1.4 应对电力系统区内外故障、暂态过载、短时过载和持续运行等顺序事件进行校核，以验证串补装置的耐受能力	
5	10.1.1.5 串补电容器应采用双套管结构	
6	10.1.1.6 在压紧系数为 1（即 $K=1$）的条件下，串补电容器绝缘介质的平均电场强度不应高于 57kV/mm	
7	10.1.1.7 单只串补电容器的耐爆容量应不小于 18kJ。电容器组接线宜采用先串后并的接线方式。若采用串并结构，电容器的同一串段并联数量应考虑电容器的耐爆能力，一个串段不应超过 3900kvar	设计阶段
8	10.1.1.8 金属氧化物限压器（MOV）的能耗计算应考虑系统发生区内和区外故障（包括单相接地故障、两相短路故障、两相接地故障和三相接地故障）以及故障后线路摇摆电流流过 MOV 过程中积累的能量，还应计及线路保护的动作时间与重合闸时间对 MOV 能量积累的影响	
9	10.1.1.9 新建串补装置的 MOV 热备用容量应大于 10%且不少于 3 单元/平台	
10	10.1.1.10 MOV 的电阻片应具备一致性，整组 MOV 应在相同的工艺和技术条件下生产加工而成，并经过严格的配片 计算以降低不平衡电流，同一平台每单元之间的分流系数宜不大于 1.03，同一单元每柱之间的分流系数宜不大于 1.05，同一平台每柱之间的分流系数应不大于 1.1	
11	10.1.1.11 火花间隙的强迫触发电压应不高于 1.8p.u.,无强迫触发命令时拉合串补相关隔离开关不应出现间隙误触发。220～750kV 串补装置火花间隙的自放电电压不应低于保护水平的 1.05 倍,1000kV 串补装置火花间隙的自放电电压不应低于保护水平的 1.1 倍	

序号	十八项电网重大反事故措施	控制阶段
12	10.1.1.12 敞开式火花间隙距离，设计时应考虑海拔高度的影响	设计阶段
13	10.1.1.13 线路故障时，对串补平台上控制保护设备的供电应不受影响	
14	10.1.1.14 光纤柱中包含的信号光纤和激光供能光纤不宜采用光纤转接设备，并应有足够的备用芯数量，备用芯数量应不少于使用芯数量	
15	10.1.1.15 串补平台上测量及控制箱的箱体应采用密闭良好的金属壳体，箱门四边金属应与箱体可靠接触，尽量降低外部电磁辐射对控制箱内元器件的干扰及影响	
16	10.1.1.16 串补平台上各种电缆应采取有效的一、二次设备间的隔离和防护措施，电磁式电流互感器电缆应外穿与串补平台及所连接设备外壳可靠连接的金属屏蔽管；串补平台上采用的电缆绝缘强度应高于控制室内控制保护设备采用的电缆绝缘强度；对接入串补平台上的测量及控制箱的电缆，应增加防干扰措施	
17	10.1.1.17 对串补平台下方地面应硬化处理，防止草木生长	
18	10.1.1.18 串补平台上的控制保护设备应提供电磁兼容性能检测报告，其所采用的电磁干扰防护等级应高于控制室内的控制保护设备	
19	10.1.1.19 在线路保护跳闸经长电缆联跳旁路开关的回路中，应在串补控制保护开入量前一级采取防止直流接地或交直流混线时引起串补控制保护开入量误动作的措施	
20	10.1.1.20 串补装置应配置符合电网组网要求的故障录波装置	
21	10.1.1.21 应逐台进行串联电容器单元的电容量测试，并通过电容量实测值计算每个 H 桥的不平衡电流，不平衡电流计算值应不超过告警值的 30%	基建阶段
22	10.1.1.22 电容器端子间或端子与汇流母线间的连接，应采用带绝缘护套的软铜线	
23	10.1.1.23 金属氧化物限压器（MOV）直流参考电压试验中，直流参考电流应取 1mA/柱	
24	10.1.1.24 火花间隙交接时应进行触发回路功能验证试验，火花间隙的距离应符合生产厂家的规定	
25	10.1.1.25 串补装置平台到控制保护小室的光纤损耗不应超过 3dB	

序号	十八项电网重大反事故措施	控制阶段
26	10.1.1.26 串补平台上控制保护设备的电源采取激光电源和平台取能方式时,应能在激光电源供电、平台取能设备供电之间平滑切换	基建阶段
27	10.1.3.1 串补装置停电检修时,运行人员应将二次操作电源断开,将相关联跳线路保护的压板断开	
28	10.1.3.2 运行中应特别关注电容器组不平衡电流值,当达到告警值时,应尽早安排串补装置检修	
29	10.1.3.3 应按三年的基准周期进行 MOV 的 1mA/柱直流参考电流下直流参考电压试验及 0.75 倍直流参考电压下的泄漏电流试验	运行阶段
30	10.1.3.4 应结合其他设备检修计划,按三年的基准周期进行火花间隙距离检查、表面清洁及触发回路功能试验	
31	10.1.3.5 串补装置某一套控制保护系统(含火花间隙控制系统)出现故障时,应尽早安排检修	

10.8 安全管控风险点及控制措施

安全管控风险点及控制措施见表 10-7。

表 10-7 安全管控风险点及控制措施

序号	安全管控风险点及控制措施
1	吊装时应使用尼龙吊带,使用的索套应安全可靠,不能危及瓷质的安全,安装时若有交叉作业应自上而下进行
2	电力电容器试验完毕时应经过放电才能安装,对运行的电容器检修或试验时应充分放电后才能工作
3	起重工具使用前需按规定进行检查。由专人指挥吊车,指挥方式需明确、准确、信号一致。被吊件和吊车臂下严禁站人、作业人员头部和手脚不得放在被吊件下方。控制起吊和转动速度、保证起吊和移动平稳
4	安装电容器时,每台电容器的接线最好采用单独的软线与母线相连,不要采用硬母线连接,以防止装配应力造成电容器套管损坏,破坏密封而引起漏油

10.9 验 收 标 准 清 单

验收标准清单见表 10-8。

表 10-8 验 收 标 准 清 单

序号	验收项目	验收标准	检查方式
		一、外观检查	
1	外观检查	表面干净无脱漆锈蚀，无变形，密封良好，无渗漏，标志正确、完整，放气塞紧固	现场检查
2	铭牌	设备出厂铭牌齐全、参数正确	现场检查
3	相序	相序标志清晰正确	现场检查
4	二次接线盒	密封良好，二次引线连接紧固、可靠，内部清洁；电缆备用芯加装保护帽；备用电缆出口应进行封堵	现场检查
5	引出线安装	设备线夹与压线板是不同材质时，不应使用对接式铜铝过渡线夹，引线接触良好、连接可靠，引线无散股、扭曲、断股现象	现场检查
6	导电回路螺栓	（1）主导电回路采用强度 8.8 级热镀锌螺栓。 （2）采取弹簧垫圈等防松措施。 （3）连接螺栓应齐全、紧固，紧固力矩符合 GB 50149	现场检查
7	控制箱、端子箱、机构箱	（1）安装牢固，密封、封堵、接地良好。 （2）除器身端子箱外，加热装置与各元件、二次电缆的距离应大于 80mm，温控器有整定值，动作正确，接线整齐。 （3）端子箱、冷却装置控制箱内各空开、继电器标志正确、齐全。 （4）端子箱内直流 +、- 极应与其他回路接线之间应至少有一个空端子，二次电缆备用芯应加装保护帽。 （5）交直流回路应分开使用独立的电缆，二次电缆走向牌标示清楚	现场检查

序号	验收项目	验收标准	检查方式
8	二次电缆	（1）电缆走线槽应固定牢固，排列整齐，封盖良好并不易积水。 （2）电缆保护管无破损锈蚀。 （3）电缆穿管不应有积水弯或高挂低用现象，若有应做好封堵并开排水孔	现场检查
二、资料及文件验收			
9	订货合同、技术协议	资料齐全	资料检查
10	安装使用说明书，图纸等技术文件	资料齐全	资料检查
11	安装检查及安装过程记录	记录齐全，数据合格	资料检查
12	安装质量检验及评定报告	资料齐全	资料检查
13	安装过程中设备缺陷通知单、设备缺陷处理记录	记录齐全	资料检查
14	交接试验报告	项目齐全，数据合格	资料检查

10.10　启动送电前检查清单

启动送电前检查清单见表 10-9。

表 10−9　　　　　　　　　　　　　　　　　　　启动送电前检查清单

序号	检查项目	检查结论	责任主体
1	放电线圈无临时接地线、短接线；无施工遗留物；接地牢固；一次设备引线接线牢固		设备厂家、施工单位、运检单位、监理单位、业主单位
2	地刀刀闸上无杂物；连接可靠；刀闸处于分位		设备厂家、施工单位、运检单位、监理单位、业主单位
3	避雷器无临时接地线、短接线；无施工遗留物；放电计数器接地牢固；一次设备引线接线牢固		设备厂家、施工单位、运检单位、监理单位、业主单位
4	电流互感器无临时接地线、短接线；无施工遗留物；接地牢固；一次设备引线接线牢固		设备厂家、施工单位、运检单位、监理单位、业主单位
5	高压电缆无临时接地线、短接线；无施工遗留物；接地牢固；接线牢固		设备厂家、施工单位、运检单位、监理单位、业主单位

附录 A 绝缘油验收标准

绝缘油验收标准卡见表 A1。

表 A1   绝 缘 油 验 收 标 准 卡

序号	验收项目	验收标准
1	击穿电压（kV）	750～1000kV：≥70kV； 500kV：≥60kV； 330kV：≥50kV； 66～220kV：≥40kV； 35kV 及以下：≥35kV； 有载分接开关中绝缘油：≥30kV
2	水分（mg/L）	1000kV（750kV）：≤8； 330～500kV：≤10； 220kV：≤15； 110kV 及以下：≤20
3	介质损耗因数 $\tan\delta$ （90℃）	≤0.005
4	闪点（闭口）（℃）	DB：≥135
5	界面张力（25℃）mN/m	≥35
6	酸值（mgKOH/g）	≤0.03
7	水溶性酸 pH 值	>5.4

序号	验收项目	验收标准
8	油中颗粒度	1000kV（750kV）：5～100μm 的颗粒度≤1000/100mL；无 100μm 以上的颗粒；500kV 及以上：大于 5μm 的颗粒度≤2000/100mL
9	体积电阻率（90℃）（Ω·m）	$\geqslant 6 \times 10^{10}$
10	含气量（V/V）（%）	1000kV≤0.8 500kV≤1
11	糠醛（mg/L）	＜0.05
12	腐蚀性硫	非腐蚀性
13	色谱	H_2＜10μL/L，C_2H_2 = 0μL/L，总烃≤20μL/L
14	结构簇	应提供绝缘油结构簇组成报告